油圧システム積年の課題
完全解決に向けて

― 油漏れ・エア・異物・水への対処 ―

風詠社

序文

　油圧システムの積年の課題は、「油漏れ・エア・異物・水」による作動不良と汚れです。
　そのことは誰でも知っていることなのに、これまでは、「油漏れ・エア・異物・水」はあってはならないというだけで本当に問題を解決する対策は取られず、その場しのぎの対策で乗り切ることばかりが行われていました。
　私は長年、油圧システムに携わりながら何とか問題を解決することはできないかと考えてきましたが、ある時ユーザーから求められた仕事の中から解決の糸口を見出し、その時と同じ考えで簡単に対策を行うことができる製品の開発に取り組みました。そして問題解決のための各種装置を完成させることができました。
　これらの装置を使えば、これまでの油圧の課題を完全に解決し、メンテナンスの軽減・油圧設備の強靭化・緊急時の確実な動作、周辺環境の汚染防止、作業者の安全の確保等、様々なメリットを実現することができます。
　新しい技術によって油圧システムの問題を解決する、それが MI 611 システムです。

2019 年（令和元年）
6 月 11 日
著者

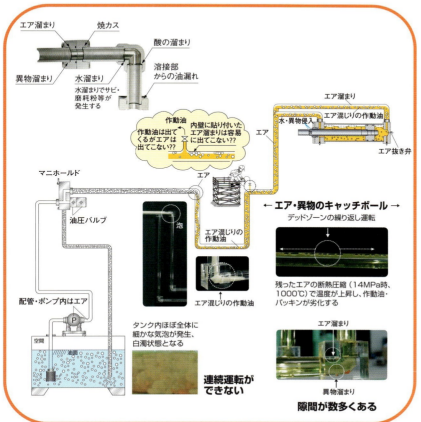

作動油の流れは血液の流れ

ヒトが健康に生きて行けるのは、血液が常に浄化されているおかげです。ヒトの体と同じように、血液（作動油）を浄化（エア・異物を循環除去）し、健康診断（油漏れ検知・作動油情報）で体調不良の原因を把握し、治療（エア抜き・仮設ホースバイパス）して健康を維持する。

ヒトの体と油圧装置は、案外似ているのです。

	医療		MI611システム
健康診断	血液の浄化（循環）	分離層 バルブバイパス シリンダバイパス 配管	★戻り油に含まれる残留エア・水を分離 ★制御機器を通さず循環 ★隅々まで作動油の清浄化 ★隙間のない継手・配管（異物溜まりなし） ★作動油の循環により、フィルタで異物を除去し、分離層でエア・水を除去
処置	診断	多目的ポート	★シリンダキャップ側・ヘッド側・配管の油漏れ箇所を特定・圧力測定 ★操作中・停止中の油漏れ検知、漏れレベルにより警報 ★作動油情報（性状、清浄、水分量）
	治療	多目的ポート	★作動油充填、エア抜き、耐圧テスト ★仮設ホースバイパスで機能維持
	緊急	多目的ポート	★緊急油圧装置に接続で電源喪失、機器故障、配管破損等の緊急時、短時間で簡単に機能維持

更に、ヒトの体に緊急な異常が発生したら、人工呼吸・ペースメーカー・人工心肺……。
油圧装置に緊急事態が起きたら、……。

緊急油圧装置　レスキューバルブ

MI611 構成パーツ

MIV611弁（1連型）　MIV611弁（2連型）　MIV611弁（3連型）　小型MIV611弁（3連型）

MI611エア抜き装置　MIV611バイパス弁　MIV611バイパス付メンテ弁　キューブエルボ　キューブティ　フィルタ付油圧シリンダ　自動エア抜きシリンダ

作動油の流れは血液の流れ

本書でご紹介する技術の多くは、
NETIS（国土交通省　新技術情報提供システム）に
登録認定されております。

ユーテックのNETIS登録

NETIS（新技術情報提供システム）とは、民間企業等により開発された新技術に係る情報を、共有及び提供するためのデータベースであり、国土交通省によって運営されています。
当社は今後、更なる新技術開発に全力で取り組んでいきます。

油圧駆動装置用多機能弁
- ◆NETIS登録番号（KK-100042-A）
- ◆兵庫県新技術・新工法活用システム登録（認定書番号：110030）
- ●漏れ箇所特定でき、施工工数が大幅に低減

油圧装置の空気及び異物循環除去システム
- ◆NETIS登録番号（KK-110065-A）
- ◆兵庫県新技術・新工法活用システム登録（認定書番号：120007）
- ●エアと異物をまとめて循環除去

単動ラムシリンダ油圧配管の2系統化
- ◆NETIS登録番号（KK-110064-A）
- ◆兵庫県新技術・新工法活用システム登録（認定書番号：120006）
- ●設備の機能停止がなく、安全・安心な設備

多目的ストップバルブ
- ◆NETIS登録番号（KK-120013-A）
- ◆兵庫県新技術・新工法活用システム登録（認定書番号：120030）
- ●埋設配管等の漏れ箇所特定や機能維持による工事可能

キューブ継手
- ◆NETIS登録番号（KK-130013-A）
- ◆兵庫県新技術・新工法活用システム登録（認定書番号：120030）
- ●隙間無し配管でエア・異物・水溜まりがなく、内・外面溶接で強度アップ

レスキュー油圧ユニット（MI611-119-RESCUE）
- ◆NETIS登録番号（KK-120036-A）
- ◆兵庫県新技術・新工法活用システム登録（認定書番号：120036）
- ●動力源（電源・油圧ユニット）の喪失や配管の破損が発生しても緊急時のゲート操作を可能

緊急油圧装置
- ◆NETIS登録番号（KK-140032-A）
- ●災害時、電源喪失・機器故障してもゲート等の緊急対応が可能

レスキューバルブ
- ◆NETIS登録番号（KK-160003-A）
- ●油圧ユニット新設時・更新時に油圧配管部にレスキューバルブを取り付けておけば、緊急油圧装置が使用可能

エア抜きを自動化した油圧シリンダ
- ◆NETIS登録番号（KK-170029-A）
- ●油圧シリンダ内の混入エアを自動的に抜くことが可能

目　　次

序 文 ·· 3

作動油の流れは血液の流れ ····································· 4

第１章　技術開発への道のり ···································· 9

1 − 1.　開発の経緯　　　　　　　　　　　　　　　　　10

第２章　概 要 ··· 13

2 − 1.　MI 611 システムの概要　　　　　　　　　　　　16

第３章　油圧装置のエア・異物・水の循環除去システム ········ 17

3 − 1.　エア・異物・水の循環除去　　　　　　　　　　18

3 − 2.　油圧駆動装置用多機能弁（MI 611 シリーズ）　　22

3 − 3.　キューブ継手（CEA、CEB：キューブエルボ、CT：キューブティ、
　　　　CC：キューブクロス）　　　　　　　　　　　　26

3 − 4.　歪みのないフランジ　　　　　　　　　　　　　30

3 − 5.　油圧ユニットとシリンダ間の配管　　　　　　　31

3 − 6.　エア抜き装置　　　　　　　　　　　　　　　　35

3 − 7.　単動ラムシリンダの作動油リフレッシュシステム　　37

3 − 8.　エア抜きを自動化したシリンダ　　　　　　　　40

第４章　環 境 ··· 41

4 − 1.　押し引き同一面積油圧シリンダ　　　　　　　　42

第５章　危機管理 ··· 45

5 − 1.　緊急油圧装置　　　　　　　　　　　　　　　　46

5－2．レスキュー油圧ユニット　　　　　　　　　　　　　　　　　　48

5－3．ワイヤロープウインチ式開閉装置　　　　　　　　　　　　　　49

5－4．レスキューバルブ（予備動力をワンタッチで接続して使用）　　50

5－5．遠隔操作（日本中のどこからでも水門操作可能）　　　　　　　51

第6章　自然環境保護型制御水（NEP制御水）と水圧駆動 ⋯⋯⋯⋯⋯ 53

6－1．自然環境保護型制御水（NEP制御水）　　　　　　　　　　　54

6－2．アクアクリエーション（油漏れによる環境汚染のない水門開閉装置）　56

6－3．従来の油圧から水圧へ　その1　　　　　　　　　　　　　　61

6－4．従来の油圧から水圧へ　その2　　　　　　　　　　　　　　62

6－5．遊動ポンプ開発　その3　　　　　　　　　　　　　　　　　63

第7章　その他の技術 ⋯⋯⋯⋯⋯⋯⋯⋯⋯⋯⋯⋯⋯⋯⋯⋯⋯⋯⋯⋯ 65

7－1．ギアボックス潤滑油の脱気　　　　　　　　　　　　　　　　66

7－2．ギアボックス潤滑油のNEP制御水化　　　　　　　　　　　　66

付録（資料） ⋯⋯⋯⋯⋯⋯⋯⋯⋯⋯⋯⋯⋯⋯⋯⋯⋯⋯⋯⋯⋯⋯⋯⋯ 67

技術情報　　　　　　　　　　　　　　　　　　　　　　　　　　69

NETIS 登録情報　　　　　　　　　　　　　　　　　　　　　　137

SI 単位による計算式　　　　　　　　　　　　　　　　　　　　166

上西家のこと ⋯⋯⋯⋯⋯⋯⋯⋯⋯⋯⋯⋯⋯⋯⋯⋯⋯⋯⋯⋯⋯⋯⋯ 178

あとがき ⋯⋯⋯⋯⋯⋯⋯⋯⋯⋯⋯⋯⋯⋯⋯⋯⋯⋯⋯⋯⋯⋯⋯⋯⋯ 181

第1章　技術開発への道のり

1－1．開発の経緯

契機　⇒　ヒント　⇒　開発　⇒　発展

2001年3月24日15時28分　芸予地震発生

1－1. 開発の経緯

　油圧システムの障害は、常に「油漏れ・エア・異物・水」による作動不良と汚れです。
　そのことは誰でも知っていることなのに、その場しのぎの対策で乗り切ることばかりが行われていました。

　本技術システムの開発の契機となったのは、2001年の芸予地震です。
　地震によって河川のゲートが異常倒伏し、その点検と対応についてユーザーから相談を受けました。
　そこで異常倒伏するのはシリンダから油がリークしているのではないかという可能性を考えて、回路を遮断して様子を見たところ、昼の暖かい時に直射日光が当たると作動油の圧力が上がりゲートが起立し、夜になって温度が下がったらゲートが倒伏しました。
　昼に温度が上がると圧力が上がることから、油が熱で膨張していると考えられ、油はリークしていないと判断でき、夜に温度が下がるとゲートが倒伏することから油が収縮したため収縮の分だけゲートが倒伏したのだと判断し、ユーザーに説明しましたが、地震の直後で神経質になっているだけに、ユーザーには納得してもらえません。
　そこで実証試験として、まずシリンダの手前にストップ弁を2個繋いでシリンダの入口を開けて圧力をかける、次に出口を閉めてシリンダ側に圧力計を付けてシリンダからの漏れがないかどうかを確認する、という作業を実施し、ユーザーに確認してもらうことで、漏れがないことが証明でき、異常倒伏の原因が作動油の温度収縮であることを納得してもらいました。

　この時の経験をヒントにして、その時に実施した内容を簡単にできる方法はないかと考えた際に、検知ポート付き多機能弁という発想を得ることができ、これをきっかけとして、様々な機能を持った多機能弁の開発を実現しました。これらの製品を使用することで、油圧を使った設備の障害であった「油漏れ・エア・異物・水」を完全に除去し、これまでなおざりにされていた油圧の問題の本質的な解決を実現できる循環技術を確立させることができました。

　未曽有の被害を出した2011年の東日本大震災も大きな出来事でした。
　この後で政府にも、ダムや水門等の公共設備における震災時の緊急対応・設備の強靭化等を考える動きが出てきました。そういう時期に、ある展示会に出展していた際に、独立行政法人水資源機構の方々と言葉を交わす機会があり、その時の話からの発想で、緊急油圧装置やレスキューユニット、という緊急時に予備動力として使える装置の開発や、油圧

設備の強靭化・メンテナンスの簡便化に有効なキューブ継手という製品の開発も実現しました。

　緊急油圧装置は、メインの油圧ユニットが使えない場合に予備動力として油圧力を発生させる装置であり、主に油圧シリンダを動かすために活用します。また、電動ワイヤロープウィンチ巻上げ式水門でも、油圧モータと緊急油圧装置を組み合わせることで、予備動力として活用できます。

　2017年の九州北部豪雨の際には、既に導入されていた予備動力装置（緊急油圧装置）を備えていた水門では、バックアップ手段があることで、安心して大雨に対応することができたと聞きました。

　緊急時の対応に際しては、どのように予備動力を準備していても、大雨や津波の危険性のために水門や防潮堤が設置された現地に操作をしに行くことができない場合があります。まさに宝の持ち腐れと言えるでしょう。このような状況でも対応できることを目的として、緊急油圧装置を遠隔操作するシステムも開発しています。

　緊急油圧装置は一刻を争う緊急時に使用するものなので、接続に手間取るようでは役に立ちません。そこで緊急油圧装置を既設油圧配管に素早くワンタッチで接続できるカプラ付きのレスキューバルブを併せて開発しました。

　芸予地震の際の体験から始まった新技術の開発によって様々な製品を生み出しました。更に、油圧の問題の1つである、油漏れによる周辺環境汚染の問題を解決すべく、汚染性のない自然環境保護型制御水（NEP制御水）を使った水門開閉装置を開発し、様々な環境実験を行っています。

　これらの新技術について、以降の章で詳細に述べていきます。

第2章　概　要

2－1．MI 611 システムの概要

維持管理・危機管理・環境保全・施工管理

MI611システム概要

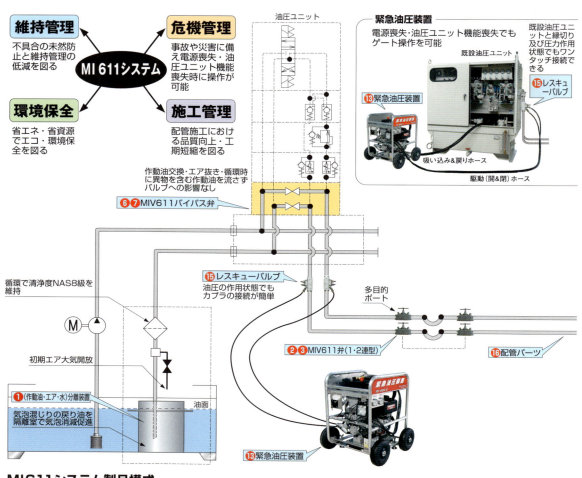

MI611システム製品構成

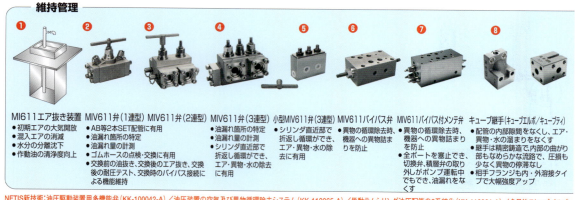

NETIS新技術：油圧駆動装置用多機能弁（KK-100042-A）／油圧装置の空気及び異物循環除去システム（KK-110065-A）／単動ラムシリンダ油圧配管の2系統化（KK-110064-A）／多目的ストップバルブ

第 2 章　概　要

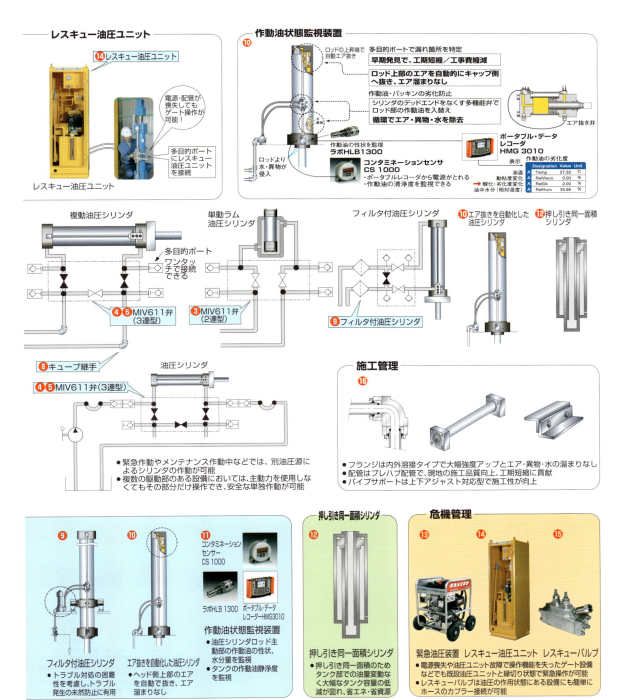

2－1．MI 611 システムの概要

　MI 611 システムは、「維持管理」「危機管理」「環境保全」「施工管理」の各面について有用なものとして開発・商品化したものです。MI は Maintenance Improvement、Multi Inspection 等の意味、611 は開発番号としています。

　「維持管理」面では油圧システムの不具合の未然の防止、点検の容易化、維持管理費の縮減化に有用なものを、「危機管理」面では、事故や災害への備えに有用なものを、「環境保全」面では、省エネ・省資源・周辺環境汚染の防止等、環境へのやさしさに有用なものを、「施工管理」面では、油圧配管等の施工における品質向上・工期短縮・強靭化に有用なものとしています。

　MI 611 システムの最終目的は、自動循環による保全・メンテナンスを手間いらずとし、性能性・生産性向上を目指しています。（P112 ～ 113 参照）

MI 611システム概要

維持管理
不具合の未然防止と維持管理の低減を図る

危機管理
事故や災害に備え電源喪失・油圧ユニット機能喪失時に操作が可能

MI 611システム

環境保全
省エネ・省資源でエコ・環境保全を図る

施工管理
配管施工における品質向上・工期短縮を図る

第3章　油圧装置のエア・異物・水の循環除去システム

3－1. エア・異物・水の循環除去
3－2. 油圧駆動装置用多機能弁（MI 611 シリーズ）
3－3. キューブ継手（CEA、CEB、CT、CC シリーズ）
3－4. 歪みのないフランジ
3－5. 油圧ユニットとシリンダ間の配管
3－6. エア抜き装置
3－7. 単動ラムシリンダの作動油リフレッシュシステム
3－8. エア抜きを自動化したシリンダ

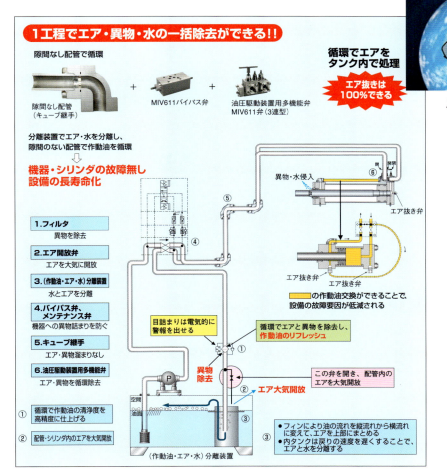

エア・異物を一網打尽だ！

3－1. エア・異物・水の循環除去

　油圧システムの配管内に混入しているエア・異物・水は、油圧システムの稼働に大きな悪影響を与えます。作動油にエアが混じっていると、作動油に圧力を加えた際にエアが伸縮してしまい、送り出される油の量が不正確になるために、油圧装置の正確な動作ができなくなります。更に、エアが配管内において高圧で圧縮される際には断熱圧縮（注）によって高温を発生させ、その際に水が混じっていると、化学変化を起こして作動油を劣化させますし、油圧配管施工の際に固形異物が混入していると、異物がシリンダに侵入してシリンダを破損させ、大きな故障の原因にもなります。

　これまでの油圧システムでは、配管内の作動油はシリンダの伸び方向・縮み方向に一定量がキャッチボール状態で動くだけであり、一旦シリンダ近くに入った異物を除去することは困難で、できうる対処としてはフラッシングと作動油の全量交換くらいでした。

　ここで紹介する"油圧装置のエア・異物・水の循環除去システム"（以下"循環除去システム"）は、これまで困難だったシリンダ近くのエア・異物・水を完全に除去することができます。作動油を油圧システム内で循環させてエア・異物・水をタンクに押し流し、フィルタで異物を除去・タンク内のエア抜き装置でエアを大気に開放し、水をタンクの底に集めます。タンクから送り出される作動油は、エア・異物・水を含まないきれいな状態で送出されるため、循環を繰り返すことで、きれいな状態を維持することができます。

　従来の油圧システムでは、配管内にエアや異物の溜まり場所（左下図）があり、フラッシングをしてもなかなか出てきません。その結果、作動油は短期間で劣化していき、定期的な作動油の全量交換を必要としていました。

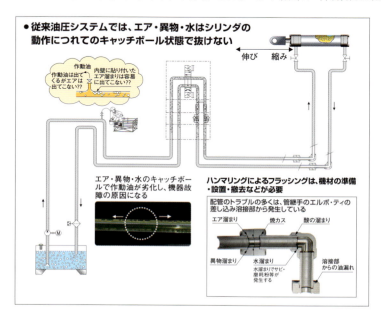

　また、一旦異物がシリンダに入り込んでしまうと、気が付かないうちにシリンダ内面にキズを付け、シリンダの故障・交換まで必要となる場合もあります。

　フラッシングには高所作業の危険も付きまとい、フラッシング作業のための準備・施工・後処理を含めると、多額のコストと多くの工数を必要とすることにな

ります。フラッシング工事の期間が長く、この間油圧システムが使用不能となることも大きな問題でした。

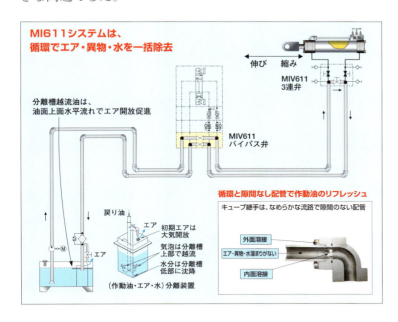

循環除去システムでは、配管内にエアや異物の溜まり場所を作りません。（左図）異物が溜まる場所がなく、配管内の作動油をシリンダ内の油も含めて循環させ、全てタンクに戻すことで、配管内のエア・異物・水を除去します。しかも循環はMI 611弁のハンドル操作だけで実施できるため、準備のコストも施工の工数も後片づけの手間もかかりません。

定期的に循環をさせることで、常にきれいな作動油で稼働できるため、油圧システムの正確性は常に維持され、作動油の劣化もないため、油の全量交換は、ほぼ必要なくなり廃棄物も出ません。また、フラッシングのための工事には油漏れによる周辺環境汚染が問題になりますが、配管を外す工事を伴わないため、油の流出による周辺環境汚染もありません。

循環除去システムを導入することで、①油圧システムのメンテナンスコストを大幅に引き下げ、②周辺環境の汚染を防ぎ、③メンテナンス作業の危険をなくし、④油圧システムの正確な動作を維持する、という従来には不可能だった課題を、一度に解決することができるのです。

このようなシステムメンテナンスの改善が必要な例について、ある河川のゲートにおいて油圧システムの不具合と長年にわたり戦ってきた事例があります。

（注）断熱圧縮
熱力学で、外部との熱の出入りなしに気体を圧縮すること。断熱変化の1つで、気体は外部から仕事をされ、温度が上がる。油圧配管内で14MPaの圧力がかかると、約1000℃まで温度が上昇する。付録（資料）P82参照

システムメンテナンスの改善が必要な例

油圧装置の修繕事例

油圧装置の不具合が発生し、その対策が長年にわたって行われた

経過年数	3年	4年	5年	6年	7年	8年	9年	10年	11年	12年	13年	14年	15年	16年	17年	
		パイロットチェック弁交換					パイロットチェック弁交換					パイロットチェック弁交換				
		シャットオフ弁交換				シャットオフ弁交換		シャットオフ弁交換								
設備完成					油圧ユニットの整備		フィルタの交換		フィルタの交換		フィルタの交換		フィルタの交換			
	作動油の交換				作動油の交換	作動油の交換			作動油の交換			作動油の交換				
													高圧ホースの交換（70本）		

パイロットチェック弁交換	3回	ズリ落ちによる交換
シャットオフ弁交換	3回	ズリ落ちによる交換
フィルタの交換	4回	フィルタエレメント（45個）
作動油の交換	5回	劣化による交換（約30,000L）
ホースの交換	2回	高圧ゴムホース（70本）
油圧ユニットの整備	1回	漏油対策（ユニット）

**なぜ機器を取り替えたか
その結果、何が起こったか**

上記修繕工事には多大な費用を要し、修繕打ち合わせのため、関係者に多大な時間を要した

　これは、ある河川のゲートにおいて油圧システムの不具合と長年にわたり戦ってきた事例です。

　設置の約3年後から油圧システムの不具合が収まらず、ゲートを動かすシリンダのズリ落ちが続いていました。そのため異常現象が起きる度に、原因の特定ができないままに場当たり的な対処が続けられました。その結果、17年にもわたってトラブルを収束させることができず、修繕打ち合わせのために関係者に多大な時間を要し、交換工事のために多大な工期と費用を要することになりました。

　シリンダのズリ落ちが発生する原因としては2つあります。1つはパイロットチェック弁からの内部油漏れ、もう1つはシリンダ内部のキズによる内部油漏れです。

　しかしシリンダ内部の調査をするには、巨大なクレーンを用意し大規模な工事が必要になるために、担当者が実施を渋り、比較的簡単にできるパイロットチェック弁の交換を繰り返したのです。

　結局のところ真の原因は、シリンダ内部のキズによる内部油漏れでした。その対処をしないままにシリンダを使い続けたことで、シリンダ内部の異物による内面のキズが増え続け、全周にわたり深さで1mm・幅で6mmものキズが何本も入るという事態になりました。

　現在では、莫大な費用をかけ、設備の稼働を停止した状態でシリンダを取り外して、シリンダの交換修理をする事態になっています。

第3章　油圧装置のエア・異物・水の循環除去システム

　この事例では、なぜこのように決定的な対処ができないままに、時間とコストばかりが掛かることになったのでしょうか。

　ゲートの異常動作については、原因を追究するにあたり、考えることがいくつもあります。
　シリンダの異常動作は、油漏れによっても起こりますが、周辺の温度変化によっても起こります。

　その判別は、周辺温度変化によるならば徐々にシリンダが移動し、作動油の内部漏れならシリンダは短い時間で移動します。また温度変化による移動ならば同じ環境にある他のシリンダでも発生するのに対して、シリンダ内部漏れであれば内部漏れが起きたシリンダのみで発生します。

　シリンダの挙動やセンサーの結果によって内部油漏れと判断できれば、次は漏れ箇所の特定が必要です。従来では、どこから内部油漏れが発生しているか分からないために、憶測で簡単に対処できるパイロットチェック弁から "だろう" と決めつけて対処をするしかありませんでした。

1.	・シリンダのズリ落ちでパイロット弁を交換した理由は‥‥‥ ・油漏れ箇所は、パイロットチェック弁・配管・シリンダである ・埋設配管や目が届かない配管の漏れ箇所が分からない ・シリンダの内部リークは分からない	取り替えが簡単で安価なパイロットチェック弁の交換をして、都度の対応をしていた	
2.	パイロットチェック弁・シャットオフ弁がリークしている‥‥‥のではと交換した	弁に問題があるかどうか特定できないが、念のため弁を新品に交換した	
3.	作動油交換‥‥‥‥‥‥‥‥‥‥‥‥‥‥‥‥‥‥‥‥‥‥	・作動油は定期的に交換することになっているので交換した ・作動油のサンプリングをして、その結果で交換した	**故障の原因** 定期的に、"様子見""だろう" で交換した結果、これらの交換作業は、空気や異物の混入を促進し、故障の原因を作り出していた
4.	フィルタ‥‥‥‥‥‥‥‥‥‥‥‥‥‥‥‥‥‥‥‥‥‥‥	・目詰まり警報が出たので、フィルタを交換した ・定期的にフィルタを交換した ・シリンダにキズがある可能性を考えて、フィルタに異物が溜まっていないか心配でフィルタ交換をしていた	
5.	完成7年目で油圧ユニット整備している‥‥‥‥‥‥‥	整備する理由が分からない	
6.	ホースを17年目で交換した‥‥‥‥‥‥‥‥‥‥	1本のホースで油漏れしたから、という理由で70本全部を交換した ホースの寿命を過ぎているので交換した	

☆漏れ箇所が分からないので仕方なく周りの部品交換を続けていた　‥‥‥‥　その結果何が起こったか‥‥‥‥シリンダに大きなキズを付けた

21

3－2. 油圧駆動装置用多機能弁（MI 611シリーズ）

MIV611弁　1連型

　油圧駆動装置用多機能弁には1連型、2連型、3連型があります。
　1連型は、ストップ弁本体に多目的ポートを取り付けた構造で、従来のストップ弁との取り付け互換性を持っています。油圧システムのメンテナンス性の向上、油漏れ箇所特定、漏れ量の計測、エア抜き、残圧抜き、ホース交換等にも対応できます。

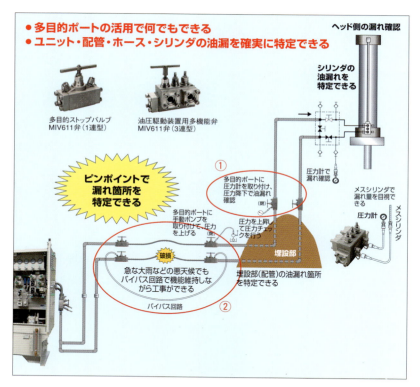

　具体例としては、①これを油圧ユニットとシリンダの間に取り付けることで、シリンダが自重降下した際の漏れ箇所がシリンダ側か油圧ユニット側かが判定できます。
　②油圧配管中に使用されているホースの前後に取り付けておけば、ホースが劣化して交換が必要な際に、簡単に取り換えができます。多目的ポートにバイパス用ホースを取り付けておくことで、システムの機能を維持したままでホースの交換及び交換したホースのエア抜き・耐圧テストまで実施できます。

第3章　油圧装置のエア・異物・水の循環除去システム

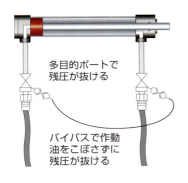

従来のメンテナンスの際には、残圧を抜くためには配管内フランジのボルトを徐々に緩めていき、小さな隙間を作って作動油を外部に漏らしながら抜いていくしかありません。これは残圧の大きさによっては隙間から油が急激に噴き出して非常に危険な作業でした。

多機能弁では、多目的ポートに接続したホースから残圧を抜くことができます。残圧がある配管と残圧がない配管に多機能弁を付けておき、多機能弁の多目的ポート同士をホースで接続すれば、配管内部だけで残圧を抜くことができます。全ての配管に残圧がある場合には、多目的ポートに接続したホースを外部容器に直接差し込んで多目的ポートを開くことで、外部に油をこぼさずに安全に残圧が抜けます。

従来は油圧配管で内部油漏れが発生した場合、油漏れ箇所が、シリンダ・配管・油圧ユニット内のどこから漏れているのか分かりませんでした。

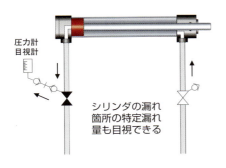

シリンダ流入・流出口に多機能弁を設置すれば、どこで内部漏れがあるのかが特定できます。シリンダの内部漏れは流入口の多機能弁を開き流出口の多機能弁を閉じた状態で、多機能弁のシリンダ側に油漏れ目視計を取り付けて、流入口に圧力をかけると、シリンダの内部漏れがなければ目視計は動きませんが、内部漏れがある場合には、目視計の数値が上がっていきます。これによりシリンダ内部漏れの有無が確認できます。

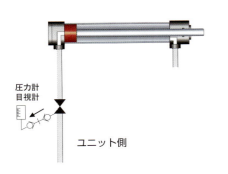
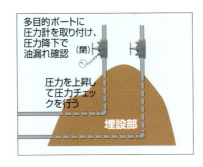

埋設配管の油漏れは、調べたい配管の先に付いた多機能弁を閉じた状態で、多機能弁の配管側に圧力計を取り付けて、ユニットから多機能弁に向けて圧力をかけ、圧力供給を止めて観察すると、漏れがなければ圧力計は動きませんが、漏れがある場合には圧力が下がります。反対側の配管についても同様の操作で確認できます。埋設配管が長い場合、途中に多機能弁を取り付けておけば、同様にしてどこの区間で油漏れが起きているのかが特定できます。

23

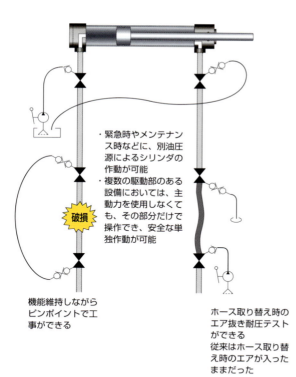

　油圧ユニット内の油漏れは、油圧ユニット内のストップ弁と圧力計によって確認できます。

　停電で電源がなくなっても、多目的ポートに別油圧源を接続することで、シリンダを動かすことができます。

　複数の稼働部がある設備において、特定の部分のメンテナンスをする際に主動力を使って稼働すると、メンテナンスする部位以外の駆動部も一緒に動いてしまい、大きな事故に繋がる場合があります。

　主動力を使用せず、多機能弁の多目的ポートに別油圧源を接続して動かすことで、メンテナンス部分だけで操作でき、安全なメンテナンスが可能です。

　ホース取り替え時に、ホースの両側に多機能弁を付けておけば、両側の多目的ポート同士をバイパスホースで接続すれば、設備を稼働させたままホース交換ができます。

　従来はホース交換の際には、新しいホース内のエアが配管内に入り込んでいましたが、多機能弁を使えば、多目的ポートからホース内部に作動油を送ってエアを取り除き、併せて耐圧テストも実施できます。

　シリンダストローク端の作動油の通路に残る作動油は、従来の設備では、入れ替えをすることができませんでした。

　多機能弁をシリンダの入口・出口に取り付けておけば、出口側の多機能弁のシリンダ側の多目的ポートに作動油を送ることで、隅々まで作動油の交換ができます。

MIV611弁　2連型

　2連型は、1連型の機能を2個分一体化したものです。
　油圧回路は基本的に2本の配管で1セットですが、2連型は通常のシリンダ配管（キャップ側・ヘッド側）2本を1個の2連弁に取り付けることができるとともに、底部に取り付けネジ穴が空けてあり、2連型自体が配管サポートとしての機能も併せ持っており、頑丈でコスト面で有利な配管設置ができます。
　これらは配管施工のコンパクト化・強靭化と、施工費の低減に繋がります。

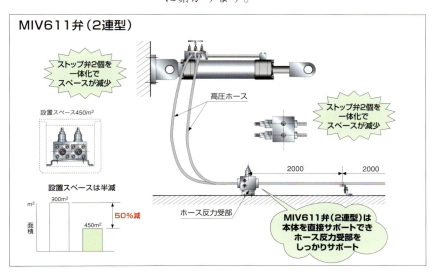

MIV611弁　3連型

　3連型は、1連型・2連型の機能に加えて、配管を折り返し循環ができます。
　循環除去システムは、配管の作動油をタンクに循環させることで作動油内のエア・異物・水を取り除く技術ですが、シリンダは内部がヘッド側キャップ側に分かれているために、そのままでは循環ができません。
そこで3連型をシリンダ直近部に取り付けることで、シリンダをバイパスして作動油の折り返し循環回路を形成できます。
　これによって配管内のエア・異物・水を循環で取り除けます。残ったシリンダ内部の作動油については、シリンダを伸び側・縮み側一杯に動かした状態で、それぞれバイパス回路を使って循環させることで、シリンダ内部にはきれいな作動油を送り込み、シリンダ内の作動油はタンクに循環して戻すことができます。

3－3. キューブ継手（CEA、CEB：キューブエルボ、CT：キューブティ、CC：キューブクロス）

　キューブ継手は、油圧配管の溶接接続についてエルボ・ティ・クロスをフランジ取り合いとし、フランジ部を内・外溶接することで継手部における溶接をなくし、エアと異物の溜まり場となる内部隙間がないなめらかな流路で内部抵抗の少ない油圧配管を作り出すことができます。

なめらかな流路で圧力損失が少ない
内部隙間がなく、エア・異物・水溜まりができない

　キューブエルボ・キューブティ・キューブクロスの3種類の形状を製品化しており、下図のようにキューブ継手を組み合わせることで、従来の差し込み溶接継手よりも遥かにコンパクトに油圧配管を構築することができます。

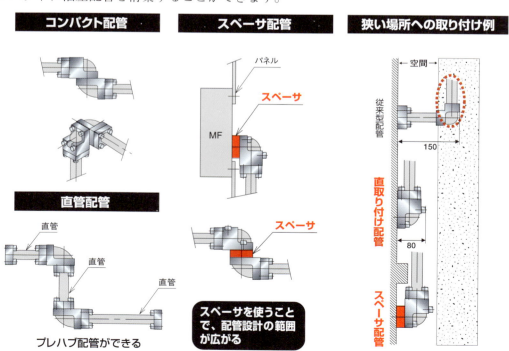

第3章　油圧装置のエア・異物・水の循環除去システム

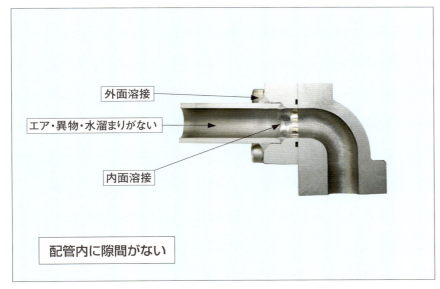

　従来の配管は、フランジ・エルボ・ティを組み合わせ、差し込み溶接をしています。差し込み部には隙間が多く残って異物溜まりを形成しており、そこにエア・異物・水（焼けカス・酸洗いの残液）が溜まります。

　ここに入ったエアや異物は、フラッシングをしても取り除くことは難しく、最後には作動油の全量取り換えをするしかありませんでした。

　キューブ継手は、フランジを内外溶接することで、配管内部の隙間を残さない構造となっています。

　内部隙間がないために、エア・異物・水溜まりができず、循環によって簡単に除去することが可能になります。

　また、キューブ継手と内外溶接フランジの強度は、従来の差し込み配管の3倍以上の強度があるため、配管の強靭化にも有効です。

27

強度計算

　従来配管とキューブ継手の強度の違いを計算した結果です。
　同一の荷重をかけた計算を行った場合、従来配管では強度の弱い部分（図の赤い部分）が現れますが、キューブ継手には全く現れません。

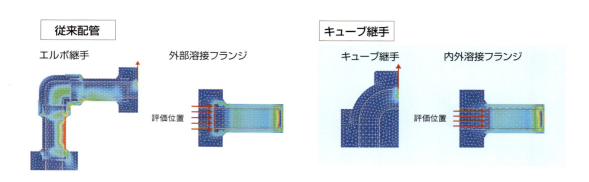

キューブ継手とエルボ継手の強度比較

荷重条件
↑ 内部上面に、100kgfで上向き荷重を付加
→ 配管方向に、圧力21MPaで引き抜き荷重を付加

評価位置	応力値 (kgf／mm2)	評価位置における 強度の対比
キューブ継手 内外溶接	1.28	3.44
エルボ継手 外部溶接	4.40	1.00

外部溶接フランジのフランジ側溶接部内外フランジの該当箇所

評価位置
エルボ継手の外部溶接フランジのフランジ側溶接部と、キューブ継手の内外溶接フランジ部を比較する

評価
・キューブ継手にはエルボ継手のようなフランジとの溶接部や肉厚の薄い配管部がないため、応力集中する部位がなく強度が高い
・外部溶接フランジは、作動油がフランジと配管の隙間にも充填されるため、配管端部にも圧力がかかる。結果として内外溶接では内径面積に、外部溶接では外径面積に引き抜き荷重がかかる
注）荷重付加部分について
　　荷重付加部には応力が生じるが、解析モデル作成上の影響で応力が出ているだけで評価しない

第 3 章　油圧装置のエア・異物・水の循環除去システム

油圧配管（従来製品との比較・組み合わせ）

従来方式のエルボ

新方式のキューブエルボ

従来方式のティ

新方式のキューブティ

従来方式のクロス

新方式のキューブクロス

3－4．歪みのないフランジ

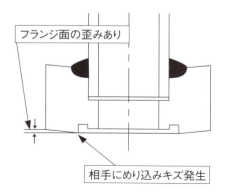

従来のフランジ（左図）は、溶接の際に歪みが生じてフランジ面が反り上がり、ボルトで取り付けた際に、反り上がり部が取り付け相手側フランジ面にめり込みキズを付けます。相手面にめり込んだ状態で数か月経過すると、食い込みの進行につれフランジ面のボルト締付力が緩みます。ボルトの緩みは外部への油漏れの原因となるために、数か月後にボルトの増し締めが必要です。

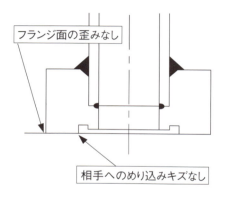

歪みのないフランジ（左図）は、JISB2291（SSA,SSB,SHA,SHB）をベースとし、内外溶接に合った最適な溶接開先形状・寸法を試行錯誤の中から生み出し、従来の外周のみ溶接における内部隙間の発生と、フランジ面の歪みを克服しました。

フランジ面の歪みをなくすことで取り付け相手面へのめり込みキズを発生させず、取り付けボルトの緩みが起きません。

このフランジを使うことにより、埋設配管のように後日の増し締めが困難な配管でも、フランジ面のボルト緩みを心配する必要がなくなります。

従来フランジ面と新フランジ面の対比

従来のフランジ面のめり込みキズ

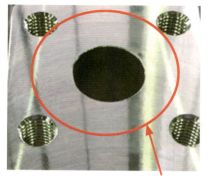

フランジ面のめり込みキズなし

第3章　油圧装置のエア・異物・水の循環除去システム

3－5．油圧ユニットとシリンダ間の配管

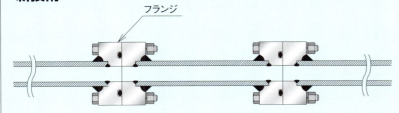

従来技術

作動油の清浄度（NAS等級）を上げるためにフラッシング時の流速を5〜10m／sで行い、ハンマリングによる異物除去を必要とする

ラベル：カップリング、配管、エア溜まり、酸化皮膜スパッタ、異物、水

新技術

シールはふっ素ゴム製Oリングで、長寿命化に対応する

配管系統全体がクリーンとなり、作動油もNAS8級程度となる

ラベル：フランジ

Oリング寿命判断

● Oリングシールは、つぶししろで生じた復元力により密封性能を得る様式である。長期間特定温度の環境下でこの状態に置くと、元に戻らない圧縮永久ひずみが生じ密封性能が低下する。一般的には圧縮永久ひずみ率が80％になった時をゴムシール材の寿命と見なす

Oリング材の寿命予測

● 材質がふっ素ゴムでは（財）化学物質評価研究機構が実施したJISK6262での圧縮永久ひずみ試験結果と、これをもとにアレニウスの計算式によるゴムの寿命予測時間を求めた報告によると、周囲温度40℃において永久ひずみ率80％となる時間は1.43E＋37年（www.aiesu-sp.com/gijyutu2/sisuibu4.html）

● 材質がニトリルゴムでの同様手法によるゴムの寿命予測時間を求めた報告から（www.kawaju.co.jp/techno-wm/showroom/34-1.html）周囲温度40℃において永久ひずみ率80％となる時間を求めると38.3年となる

● 循環で作動油のリフレッシュにより、作動油交換不要
● 循環でエア・異物・水を一括除去

安全・確実な設備／維持管理費縮減

31

油圧ユニットとシリンダの間の配管は、地面の上を通しますが、地面には多くの凹凸があり、それに合わせて違った高さの配管サポートを設置するには多大な手間がかかっていました。

　パイプクランプは、この地面の凹凸に対して配管を楽に設置するための器具です。
　配管サポート脚部に30mmの上下摺動部分を設け、この範囲内で脚部の長さを調節することで、大部分の地面の凹凸を、同じサイズのパイプクランプで配管設置することができます。

パイプクランプ

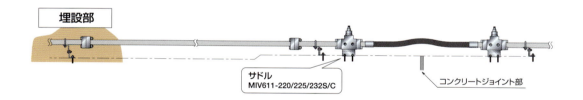

サドル
MIV611-220/225/232S/C

コンクリートジョイント部

　3-3で説明しました溶接歪みなしのフランジは、従来のように数か月で増し締めする必要がないため、埋設配管にも安心して使用することができます。

埋設部

サドル
MIV611-220/225/232S/C

コンクリートジョイント部

配管施工完了後の作動油充填・エア抜き・耐圧テストは、次の4段階で行います。

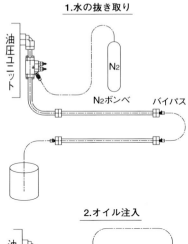

施工には、日数がかかり、その間の天候等によって、配管内には水が浸入することがあります。施工時に侵入した水の排出には多機能弁の多目的ポートを利用したN₂ガスによる押し出し排出を行います。

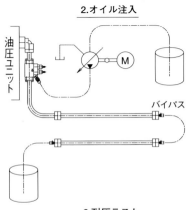

次に施工された配管に油漏れがないか確認するために、油充填ポンプキットにより油を充填します。

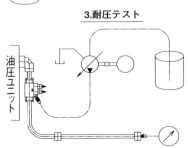

施工配管の耐圧テストを行います。
耐圧テストは、最高使用圧力の1.5倍で2分間実施します。圧力計は、配管の全てに圧力が加わったことが確認できるように、配管の末端に設置します。

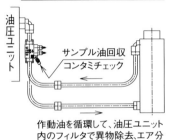

油圧ユニットを運転し、作動油循環により異物の除去を実行し、清浄度を確認します。

■モーターポンプユニット

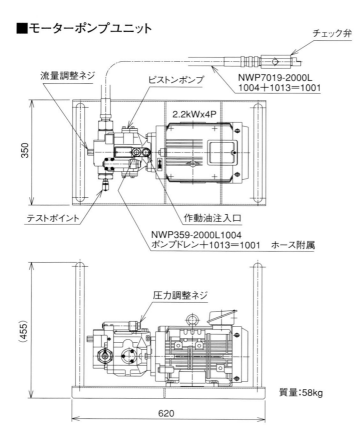

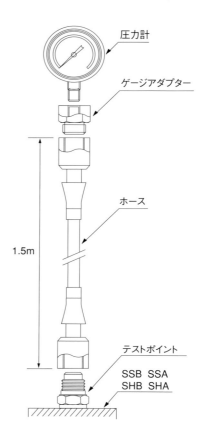

■油圧仕様

　常用圧／流量　　7MPa／15L／min以下
　耐圧／流量　　　21MPa／5L／min以下
　モーター　　　　2.2kW×4P　AC200／220V　三相

■必要部品

　接続用カップリング付アダプター…G1／2×G1／4（1個）
　N₂ボンベ用カップリング付ホース…2m（1本）
　油圧ポンプ用カップリング付ホース…2m（1本）
　ポンプ吸い込み口変換アダプター…G1×Rc3／4（1個）
　ポンプ吐出口変換アダプター…G1×Rc1／4（1個）
　テストポイント付フランジ（SUS304）…SSB15〜50　SSA15〜50
　テストポイント付フランジ（SUS304）…SHB15〜50　SHA15〜50
　エア、作動油抜き用カップリング付ホース…1.5m（5束）
　耐圧検査用圧力計…OPG-AT-R1／4-60×25MPa（1個）
　ゲージアダプター…2106-05-11.00（1個）
　フランジ取り付けボルト（メッキ付きまたは黒染めキャップボルト）

テストポイント付フランジ

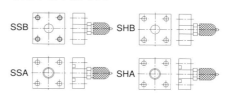

3 − 6. エア抜き装置

エア抜き装置は、循環除去システムでタンクに戻ってきた油から、エアと水を分離する装置です。

従来の油タンク構造

油中の気泡をポンプに吸わせないように、タンク内に隔壁板（別名仕切り板、バッフルプレートとも呼ばれます）を設けて、気泡を含んだ作動油ができるだけポンプに近づかないようにすることや、タンク内の循環流速をできるだけ遅くしてエアの放出や異物・水分の沈殿を促進する等工夫をしております。しかし、施工直後の試運転時の初期エア混入によるタンク内の作動油白濁状態や、配管内の残留エアや、運転につれて溜まってくるエアのタンクへの戻り等で、トラブルが完全には抑えきれておりません。

新技術によるタンク構造

タンク内の作動油の増減によって油面が上下に変動するにつれ、タンク内の分離槽上部の越流部も追従して上下し、リターン油の流れを油面上への水平状態に維持し、エアを含んだ作動油がタンク油面上に集まり、油面からのエア開放を促進させるとともに、ポンプ吸い込み口に気泡が近づかないようにします。これにより、配管に送出する作動油へのエア混入を防ぐことができます。

分離槽内では流速を遅くしているため、作動油よりも比重が重い水分は分離槽底部に沈降し、タンク内には混入しません。

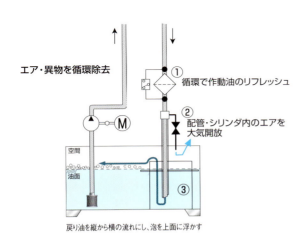

戻り油を縦から横の流れにし、泡を上面に浮かす

戻り配管から戻ってきたエアや異物混じりの作動油は、①フィルタを通って最初に固形異物を除去し、タンクに入る前に②大気開放弁を使って大気中に放出します。それでも混じっているエアは、直接タンクに戻らずタンク内の③分離装置に入ります。

流速 1.5m/sec 以上、油の流れに動く、以下沈降する。分離層内の流速は 0.05m/sec。

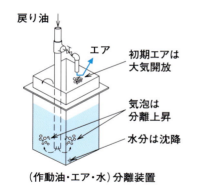

　分離装置の中を通った作動油は、分離装置上部のフィンによってタンク油表面方向に誘導され、エアはタンク内に深く混じり込むことなく表面に集められますので、エアが混じったままの作動油が再び送り出されることはありません。

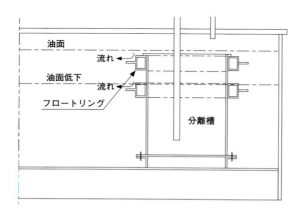

　油量変動の多いタンクについては、フィンが油量変動に合わせて自動的に上下することで、フィンと油面に高低差をなくし、気泡を含んだ油をフィンに沿って水平にタンク表面に広げることができます。

　作動油に混じった水は、作動油が分離装置内をゆっくりと移動していく過程で分離装置の底に残り、タンク内に混じり込むことなく取り除くことができます。

　このエア抜き装置を使用することで、タンクに入ってきた作動油からエア・異物・水を取り除き、新鮮な作動油だけを新しく送り出すことができます。

3－7．単動ラムシリンダの作動油リフレッシュシステム

　単動ラムシリンダの作動油リフレッシュシステムは、単動ラムシリンダの作動油を循環できるように配管を2重化することで作動油内のエア・異物・水の循環除去を可能とし、作動油の長寿命化と、機器・シリンダの故障を回避、また従来のフラッシング施工の際に発生していた周辺への油漏れをなくすことができるシステムです。

従来技術

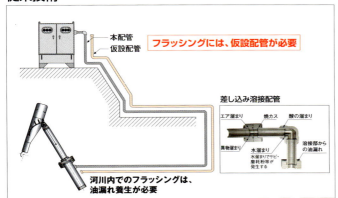

　従来の単動ラムシリンダは、1本の油圧配管しか設置しないため、配管からタンクに作動油が返ってくることができません。
　①もしも作動油内に固形異物が存在していれば、それがシリンダに侵入してシリンダ内部にキズを付けて重大な故障を引き起こす恐れがある。
　②定期的なフラッシング作業をする際には、各部での油漏れの養生・循環用の仮設配管設置等の大掛かりな準備と撤去が必要。
　③配管取り外しの際に、配管からの油漏れによる周辺環境汚染も危惧しなければならない。
　④作動油中のエアが抜けないため、運転動作が不正確。
　等の課題を抱えていました。

新技術

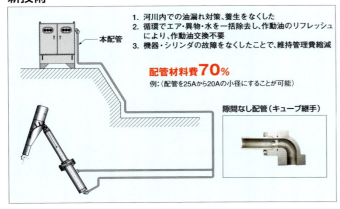

　単動ラムシリンダの作動油リフレッシュシステムを導入すれば、最初から2本の配管を設置するために作動油のリフレッシュ（エア・異物・水の除去）ができます。
　これにより、
　①システム内にエアも異物も存在しないため、機器・シリンダの故障がない。

②油圧ユニットのバルブ操作だけで作動油が循環し、作動油のリフレッシュができるため、定期的なフラッシングに伴う資材の運搬・水避け対策・仮設配管設置・これらの撤去という手間と費用が不要。

③配管の取り外しが不要なため、配管からの油漏れによる周辺環境の汚染がない。

④作動油がエアを含まないため、運転動作が正確に行える。

という具合に、今までの課題を解決できます。

配管が2本であることで、何らかの原因で一方の配管が破損した際にも、もう一方の配管を使ってシリンダの操作をすることができる、というメリットもあります。

導入事例写真

単動ラムシリンダの作動油リフレッシュシステムへの置き換え

従来シリンダ（1系統）

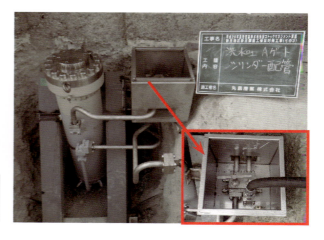

フラッシングとは

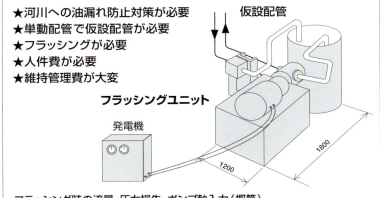

フラッシング作業とは、ダム堰基準（注）によれば、配管施工時の生成物である溶接作業のスパッタ・焼けカス・酸洗い残液など配管内の隙間に滞留する異物を完全に除去し、配管内をクリーンな状態とする作業を指します。

異物を押し出すために管内流速を高くし（5〜10m/s）、フラッシング油を加温し（50〜60℃）、エルボ・ティをハンマリングしながら行うこととされています。

しかし管内流速を高くするためには、フラッシングユニットにて非常に大きな圧力を掛けることが必要で、そのためのポンプ動力も大きなものとなります。流速10m/s・配管長さ100mの場合の動力は60kWが必要となり、仮設フラッシング装置と発電機も大型化します。また、ハンマリングは、フラッシング開始から6時間経過後から行い0.5〜1時間毎、その間隔は最小限4秒で管と壁面の間に木材を挟む、管をサポートして叩く等、細々と規定されており大変な作業となり、費用・工期とも大きなものとなります。

（注）ダム堰基準
ダムや堰のゲートに関する設計基準・検査基準等、各種基準を定めた基準集。

3-8. エア抜きを自動化したシリンダ

　シリンダには施工時の残留エアがあり、これを完全に除去する必要があります。また、シリンダを長く使用していると、作動油中のエアがシリンダ内部に次第にエア溜まりを形成していきます。これがあるとシリンダの動作が不正確になるため、定期的にエア抜きをする必要があります。エア抜きを自動化したシリンダは、このエア抜き作業を簡単にできるようにしたシリンダです。

◆従来技術

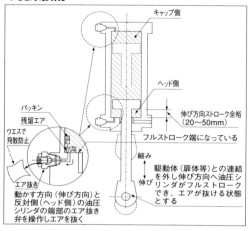

　従来の油圧シリンダはキャップ側・ヘッド側のそれぞれにエア抜き弁がある構造で、エア抜き作業では、シリンダを操作盤で操作する者とエアを抜く者2名で互いの合図により、シリンダを動かした側の反対側でエア抜き弁を開いたり閉じたりしてエア抜きを行い、抜けてくるエア混入油をウエスで押さえながらバケツなどで受ける、という大変な作業が必要でした。更に、シリンダのストローク余裕（左図では伸び方向ストローク余裕）部分のエアは抜けないものであり、この抜けないエアによって断熱圧縮が起き、パッキンや作動油を劣化させることになります。作業中には周辺への油の飛散も発生します。

　エア抜きを自動化したシリンダは、油圧シリンダのストローク端でピストンのキャップ・ヘッド側の各室を小穴で導通させる構造となっています。

◆新技術

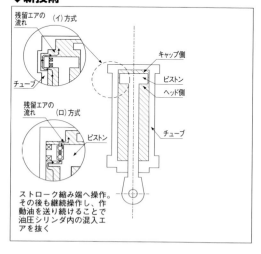

　エア抜き作業の際に油圧シリンダのキャップ側・ヘッド側のどちらか一方向のストローク端で作動の停止後も作動油を送り続けるだけで油圧シリンダ内の残留エアが自動的に抜けていくことになります。作動油を送るだけの操作なので、作業は1人で簡単に完了させることができ、シリンダのエア抜き弁を開かないため、周辺への油の飛散も発生しません。自動エア抜き構造原理は、シリンダストローク端でのパッキングをチューブ側への導通穴による（新技術図(イ)方式）とメカニカルチェック弁（同図(ロ)方式）の2つの方法があります。

第4章　環境

4－1. 押し引き同一面積油圧シリンダ

作動油を減らして環境対策！

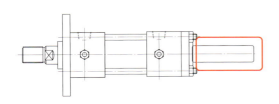

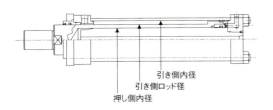

引き側内径
引き側ロッド径
押し側内径

4－1. 押し引き同一面積油圧シリンダ

　従来の片ロット型油圧シリンダでは、ヘッド側とキャップ側で受圧面積が異なり、その面積差により油圧ユニットのタンクに油量変動が発生します。ゲート開閉装置（油圧式）設計要領（案）の規定では、タンクの容量は、この油量変動の３倍以上と決められているため、タンクの容量と作動油の量には、かなりな無駄が生じていました。

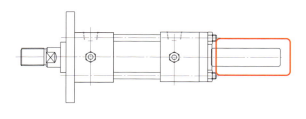

　この無駄を解消するための方法として、両ロッド型油圧シリンダがありますが、この場合はスペースの増大（左図赤枠）があり、利用する面での弊害がありました。

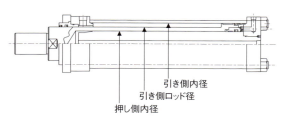

　この押し引き同一面積油圧シリンダは、ヘッド側とキャップ側の受圧面積が同一になるように設計したものです。これにより、シリンダを伸ばしても縮めても、タンクに出入りする作動油の量は同一なため、タンク油量の変動が起こりません。（左図参照）

　このシリンダを導入することで、無駄な作動油を使用する必要も、無駄に大きなタンクを付ける必要もなくなりますので、油圧ユニットのサイズを縮小でき、コストも引き下げられます。

実物写真

シリンダ伸び方向

シリンダ縮み方向

シリンダの押し引き受圧面積一覧表

押し側内径 (mm)	引き側内径 (mm)	引き側ロッド径 (mm)	押し側受圧面積 (cm²)	引き側受圧面積 (cm²)
60	100	80	28.3	28.3
75	125	100	44.2	44.2
84	140	112	55.4	55.4
90	150	120	63.6	63.6
96	160	128	72.3	72.3
111	185	148	96.7	96.7
120	200	160	113.0	113.0
135	225	180	143.1	143.1
150	250	200	176.6	176.6

シリンダ断面概念図

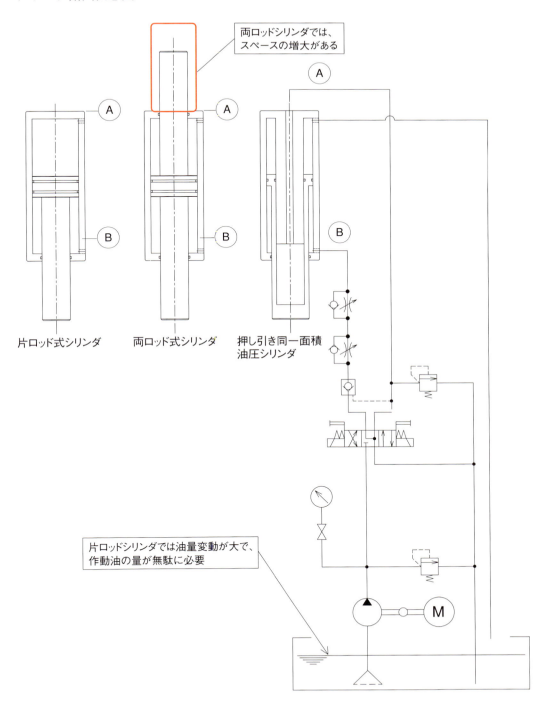

両ロッドシリンダでは、スペースの増大がある

片ロッド式シリンダ　　両ロッド式シリンダ　　押し引き同一面積油圧シリンダ

片ロッドシリンダでは油量変動が大で、作動油の量が無駄に必要

第5章　危機管理

5－1. 緊急油圧装置
5－2. レスキュー油圧ユニット
5－3. ワイヤロープウインチ式開閉装置
5－4. レスキューバルブ（予備動力をワンタッチで接続して使用）
5－5. 遠隔操作（日本中のどこからでも水門操作可能）

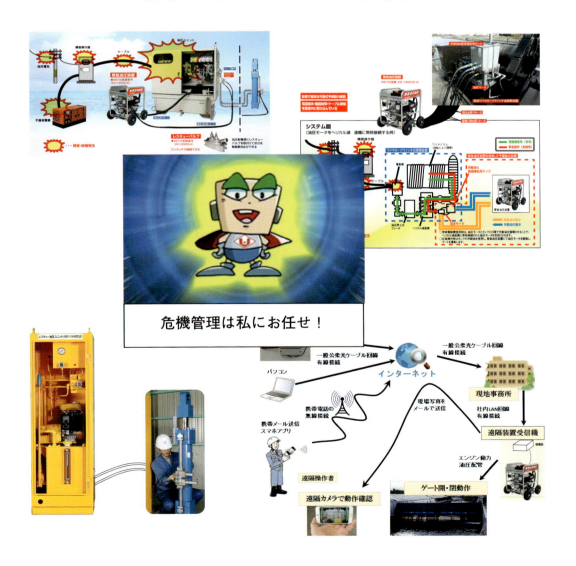

5－1．緊急油圧装置

　ダム・河川等のゲート開閉装置を持つ施設では、ゲートの動力設備が故障しても対応できるように、動力回路の２重化・開閉用予備動力の設置・発電機の設置等、様々な対処が行われてきました。しかし、大規模災害における想定外の障害・停電と故障の同時発生・制御装置自体の故障等、ゲート操作ができない恐れがある事態が様々に考えられるため、危機管理対策として効果的なゲート用予備動力装置が求められていました。
　緊急油圧装置は、このような事態に全て対応できることを目的にして開発したものです。
（システム回路図　付録〈資料〉P69 参照）

1）独立した動力と制御回路

　緊急油圧装置はエンジン駆動方式です。従来の設備から独立した動力によって設備を稼働させるため電源喪失に対応できます。また、開・閉操作の制御回路を内蔵しており既設の制御回路を使わないため、制御盤の故障時にも操作が可能です。
　停電が発生しても、電源ケーブルが切断しても、制御盤や油圧ユニット自体が故障しても、緊急油圧装置さえ接続すれば、必ずゲートが操作できます。

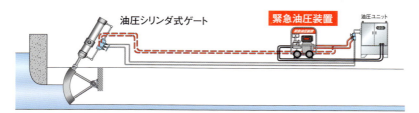

46

2) 小型軽量化による可搬性

　緊急油圧装置は、大人2人で抱え上げてライトバンで搬送することを想定して、小型軽量化されています。

　内部に作動油のタンクを持たず、既存油圧ユニットのタンク内の作動油を使用することで、サイズ・重量を縮小し、移動用のタイヤによって、平地ならば1人で押して搬送が可能です。

項　目		6.9MPa用	13.7MPa用	備　考
可動式予備動力	型　式	RC-690-S	RC-1370-S	
	寸　法	550(W)×650(L)×830(H)	550(W)×650(L)×830(H)	
	質　量	127kg	140kg	
エンジン	タイプ	空冷ディーゼルエンジン	空冷ディーゼルエンジン	リコイルスタータ方式（セルモータ標準装備）
	出　力	4.3kw(5.9ps)	6.2kw(8.4ps)	
	燃料消費量	270g／kwh	275g／kwh	
	タンク容量	3.3L	5.4L	
ポンプ	タイプ	ギアポンプ	ギアポンプ	
	吐出量	21.7L／min	21.2L／min	
	※1有効作動圧力	4.4MPa	10.5MPa	
標準付属品		吸い込み＆戻りホース：2.5m(可搬型)、1.5m(定置型) 駆動(開＆閉)ホース5m(可搬型)、1.5m(定置型)、照明(LED15W,12V)、防塵カバー		

　緊急油圧装置は、必要に応じてどこにでも設置が可能です。既存油圧ユニットの近くに設置すれば、そのまま既存ユニットの作動油を使用して稼働しますし、シリンダ側に設置する場合は、ペール缶等で運んだ作動油を使って稼働することもできます。

3) 簡単な設置と操作

　既存油圧ユニットが使用できない緊急時には、素早い予備動力への切り換えが求められます。一刻を争う事態に、複雑な設置手順を踏んでいる暇はありません。

　緊急油圧装置は、保管場所から使用場所に搬送してきたら、
①吸い込み＆戻りホースの挿入、②駆動ホースの接続と既存の切り離し、③エンジン起動、④開閉操作
という4つの手順だけでゲートが操作できます。

①吸い込み＆戻りホースを油中に入れる

②駆動側ホース（開＆閉）を油圧配管に接続する

③エンジンを始動し、フルスロットルに固定する

④手動切換弁のレバーを使用して開・停止・閉操作を行う

4) 緊急油圧装置のメリット

　油圧シリンダ式ゲートでは、電源喪失と機器故障が同時に発生すれば、何も対応できず、仮に電源が無事でも制御盤に故障が発生すれば、制御盤の構造が分かった者が故障原因の特定から修理まで対応しなければならず、復旧に非常に時間がかかることになります。

　緊急油圧装置は、既存設備の状態に関係なく、運び込んで繋ぐだけで操作ができ、緊急時の予備動力としてのメリットは明らかです。

5－2. レスキュー油圧ユニット

　レスキュー油圧ユニットは、小規模な河川のゲート用に、独立動力と作動油タンクを内蔵した予備動力装置です。緊急油圧装置のメリットに加えて、シリンダ側に設置する場合でも作動油の心配がありません。また、エンジンの他に手動ポンプを内蔵してありますので、小規模なゲートであれば、手動でもゲート操作が可能です。

レスキュー油圧ユニット

第 5 章　危機管理

5－3．ワイヤロープウインチ式開閉装置

　ゲート設備には、先に述べた油圧シリンダ式の他に、電動機でワイヤを巻き上げてゲートを操作するワイヤロープウインチ式という方式もあります。しかしワイヤロープウィンチ式では、予備電動機や予備エンジンが設置されている設備は全てではなく、また自動・手動切換によるユニハンドラー操作では開閉速度の遅さ、シャフトの発熱により連続運転もできないといった様々な問題点もあるため、危機管理対策としては十分とは言えないとされています。

　ワイヤロープウインチ式開閉装置では、新たに油圧モータと作動油タンクを設置し、緊急油圧装置で油圧モータを動かすことによりゲートの操作が簡単にできる予備動力を構築することができます。（システム回路図　付録〈資料〉P71 参照）

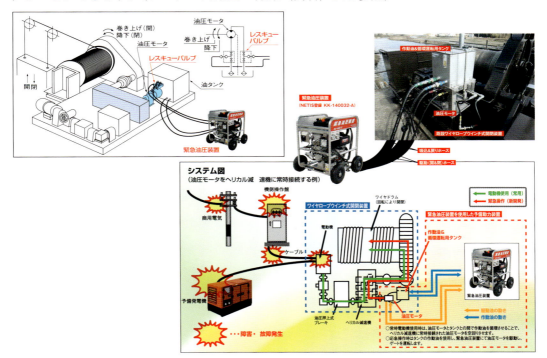

　ここでも、電源喪失・既存制御盤の故障の有無に無関係に稼働できる緊急油圧装置のメリットは発揮できています。

　ワイヤロープウィンチ式開閉装置の電動機はブレーキ付きで特殊なため、故障し修理が必要になった場合、部品調達の期間を含めると半年程度の修理期間が必要になる場合もあります。その間はゲートを動かすことができないため、豪雨等で緊急にゲート操作が必要な場合でも何の対処も取れないことになり、治水上での大きな不安を抱えることになります。故障した電動機を取り外した部分に油圧モータを取り付け、緊急油圧装置を接続すれば、約 1 か月で設置が可能でゲートの機能を回復できるため、危険な期間を大幅に短縮できます。

5－4．レスキューバルブ（予備動力をワンタッチで接続して使用）

MIV611弁　レスキューバルブ

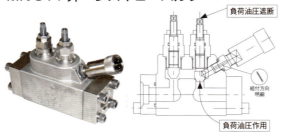

　レスキューバルブは、緊急油圧装置を既設の油圧配管に簡単に接続するためのパーツです。

　このレスキューバルブを予め油圧ユニットやシリンダの近くの配管に取り付けておくことで、緊急油圧装置を簡単に接続して使用することができます。

　油圧ユニットにレスキューバルブを設置しておけば、全ての油圧ユニットに緊急油圧装置を配備せずとも近隣から搬送してきて接続する、という使い方も可能です。

レスキューバルブの仕組み

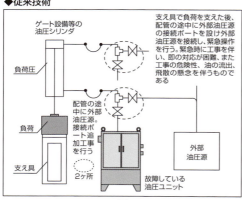

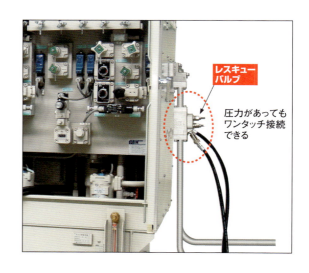

　シリンダに重量負荷がかかっている状態でカプラ接続をするためには、重量負荷以上の力で押し込まないと接続できず、人の力で押し込むことは困難です。（左図参照）

　レスキューバルブでは、シリンダ重量負荷を、ストップ弁を閉じて受け止めた上でカプラ接続をするので、簡単に接続することができる構造になっています。

5－5．遠隔操作（日本中のどこからでも水門操作可能）

　緊急油圧装置には、遠隔装置のオプションもあります。これはインターネットメールを活用した遠隔命令システムですので、パソコンでインターネットが使えるか、スマートフォンが使えるところであれば、日本中のどこからでも操作ができます。

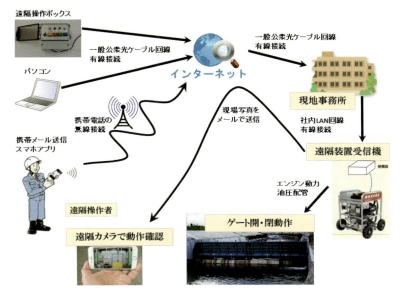

遠隔操作の手順

操作指令は、
①専用の操作ボックス
②パソコン
③携帯スマートフォン
のいずれかで送信。

- 指令はインターネット回線に乗って、現地ゲートに設置してある遠隔装置受信機に到達。

- 遠隔操作受信機は、付属のカメラによってゲートの現在の状態写真を遠隔指令者にメールで返信。
- 遠隔受信機は緊急油圧装置を起動し、ゲート開・ゲート閉の指令どおりに緊急油圧装置を操作。
- ゲート開・ゲート閉が完了したら、動作完了時の写真を再度指令者に返信し遠隔操作を終了。

　遠隔装置を使用するのは、例えば災害時に道路に被害が出て現地に入るのが危険な場合や、津波警報が出ていて急いで防潮堤を閉じなければならない場合等のように、操作者の危険回避や迅速なゲート開閉操作が必要な場合に活用できます。
　なお、小規模な水路の水門の開閉装置にも遠隔装置は適用できます。

第6章　自然環境保護型制御水
（NEP制御水）と水圧駆動

6－1．自然環境保護型制御水（NEP制御水）
6－2．アクアクリエーション（油漏れによる環境汚染のない水門開閉装置）
6－3．従来の油圧から水圧へ　　その1
6－4．従来の油圧から水圧へ　　その2
6－5．遊動ポンプの開発　　　　その3

地球環境にやさしい

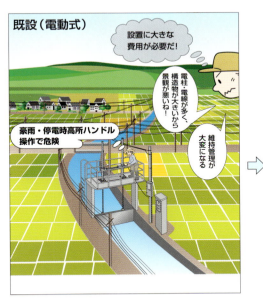

自然環境保護型制御水（NEP制御水）
NEP制御水による小魚への影響【水槽（容量27L）に小魚7匹を放流し、作動水濃度を徐々に上げていく】

6－1．自然環境保護型制御水（NEP制御水）

　河川やダムなどに設置され、作動油によって駆動される液圧駆動設備においては、液圧装置や配管での油漏れによる水の汚染が懸念されます。とくに、農業用水路のように比較的小規模な水路の場合、少量の油漏れでも水質汚染は深刻な問題となります。そこで、このような液圧駆動設備に、作動液として作動油ではなく自然環境保護型制御水（NEP制御水＝ Natural Environments Protection type control water）を用いることにより、水の汚染の問題を解決します。NEP制御水は、純水に、これと完全に混和しかつ生体に対して無害な増粘剤などの添加剤を溶解させることにより作られています。

原料：純水、増粘剤、潤滑性向上剤兼凍結防止剤、pH調整剤

　NEP制御水の安全性について、メダカの水槽に入れて観察する実験で確認しました。

　低温環境での使用について、ドライアイスを使って－40℃の環境に置く実験を行い、凍結しないことを確認しました。

①ドライアイスで冷却する

②作動油マイナス45.7℃状態は水あめ状

③NEP制御水（左）作動油（右）

④マイナス40℃でもNEP制御水は、流動性を維持できる

高温環境での使用について、NEP制御水をステンレス容器に入れ、ガスコンロにより沸騰（100℃付近）するまで加熱して経過を見ました。この実験により、加熱前と加熱後でNEP制御水に粘度の変化はなく、容器内部に焦げ付き等の変質物もできていないことを確認しました。

①加熱前　　②加熱中（100℃辺り）撹拌により粘度確認　　③冷却後　撹拌により粘度確認　　④加熱後の容器内部に焦げ付き等の変質物なし

　これらの実験から分かるように、NEP制御水を－40℃辺りまで冷却してもシャーベット状にはなるが流動性は残っており、＋100℃辺りまで加熱しても、変色や異臭は発生しませんでした。NEP制御水は－40℃から＋100℃の温度範囲で一定の粘度を維持しています。NEP制御水は水門用途において作動油に代わる作動液として十分な性能がありながら、周辺環境にもやさしい流体です。

6-2. アクアクリエーション（油漏れによる環境汚染のない水門開閉装置）

この開閉装置は、もう無理だ！！

電動化
- 高価格
- 災害時電源喪失でゲート操作不能
- 景観（環境）悪化
- 維持管理が大変
- 常時電気代が必要

これまでの水門操作では、操作する人が自ら用水路の上に設けられた操作台に上って、重たいハンドルを操作しなければなりませんでした。

それに代わる設備としては電動ゲートが現在の主流ですが、高価格・維持管理が大変・電線を通す工事が必要・常時電気代が必要等の様々な問題を抱えています。

また、近年の異常気象による短時間降水量の増加に伴い、日本各地で豪雨災害が頻発しており、その際に水路や溜め池の見回りに行かれた農家の方が不可抗力により転落し、流されるという痛ましい事故のニュースが毎年のように伝えられています。

手動でも操作は簡単ラクラク
アクアクリエーション
- 低価格
- 力の弱い女性やお年寄りも簡単操作
- 道路面で操作するため強風時でも安全
- 設備が小さく景観（環境）を害しない
- 維持管理が、ほぼ不要
- 電気代が不要

これらの現状を考えると、これからの水門には、
① 大きな力を用いずに操作できること
② 安全に操作できること
③ 環境にやさしいこと
が絶対に必要であると考えます。

アクアクリエーションは、前述した環境にやさしいNEP制御水を動力伝達流体として使用する水門開閉装置です。

設置コスト・維持管理コストを抑え（設置コストは電動化費用の70％程度、メンテナンスフリー）、周辺環境にやさしく（安全なNEP制御水使用・電線による景観悪化なし）、水際から離れた安全な場所から少ない力で操作することを実現できます。

第6章 自然環境保護型制御水（NEP制御水）と水圧駆動

現在主流とされているのは電動化です。これは操作に力は不要ですが、水門の位置まで電線を引き、電気契約もしなければなりません。また災害時に停電すると、やはり人力で危険を冒して操作する必要もあります

アクアクリエーションは、電気を使わないため送電工事が不要で景観も阻害せず、電気使用契約も不要ですので、導入時コストもランニングコストも低く抑えることができます

地上での操作で安全

- 維持管理はほとんど不要目視点検のみ
- 安全柵・タラップ・操作台不要

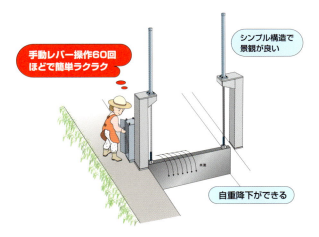

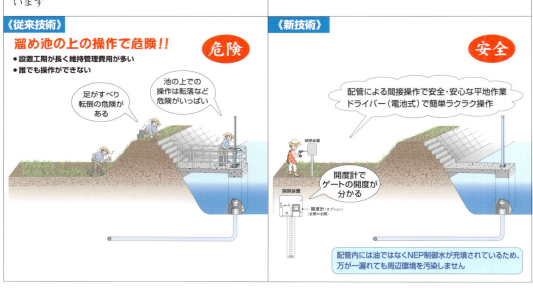

　実際の導入例です。
　従来操作は左下の写真のように湖面に設置された操作台で操作していたのに対して、アクアクリエーション導入後は、右下の写真のように安全な地上に設置した操作ボックスから操作ができます。

導入前の水門操作　　　　　　　　　　　　　　　　　　**導入後の水門操作**

第6章　自然環境保護型制御水（NEP制御水）と水圧駆動

　アクアクリエーションの機器は、1連（2連）ハンドポンプ式、充電池ドライバー式、単層100Vの電動式があり、ゲートの大きさによって選択できます。

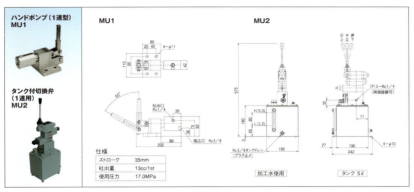

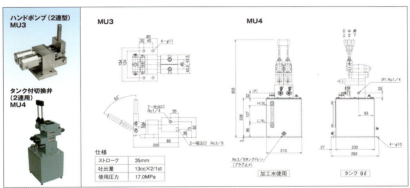

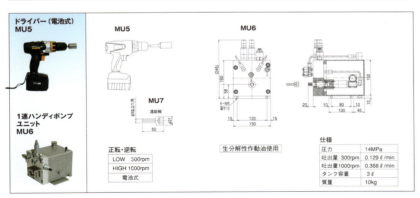

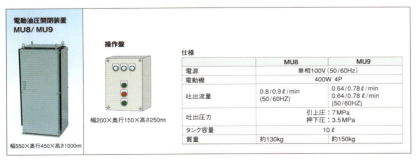

中・小規模な水門には、ハンドポンプ式・充電池ドライバー式を使用します。

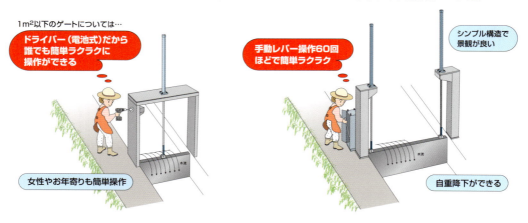

　比較的大きなゲートで、人力操作がきつい場合には、単層100Vの電動式を使います。通常は電気式として地上からスイッチ1つで操作ができます。

　停電時には、付属のレバーによるハンドポンプ式としても操作できます。また、オプションの遠隔操作機能を付加した場合、現地に行かなくても操作可能です（インターネット環境が必要です）。

6－3. 従来の油圧から水圧へ　その1

　使用する動力媒体としては、6－1で説明したNEP制御水によるものでありますが、NEP制御水は増粘剤・潤滑性向上剤など添加物によりその性能が異なり、NEP制御水の初期型では潤滑性の面で油圧ポンプがそのまま使用できる状況になく、油圧ポンプの部分のみを、その1（油圧・水圧コンバータ利用）、その2（特殊水圧をプランジャポンプ）、その3（遊動ポンプ開発）と取り組みをしてきたので紹介しておきます。なお、NEP制御水の進化型では最終的には通常の油圧機器がそのまま使用できるものを目指し研究・開発しています。

　従来の油圧システムにおける油圧ポンプの代わりに、油圧・水圧コンバータを水圧源とした水圧システム1号方式です。使用する動力媒体としては6－1で説明したNEP制御水を使用し、アクチュエータ・制御弁等は一般的な油圧機器を流用します。

　油圧用ポンプは一般的に回転機構タイプで、より潤滑性の良いことを要求されるためにNEP制御水をそのまま使うことができません。そのため油圧装置で動力を発生させ、その動力を油圧・水圧コンバータを通じて水圧シリンダに送り込む、油圧・水圧型ポンプ構造としています。油圧水圧コンバータを使うことで、既設油圧ユニットについてもシリンダ側の作動油をNEP制御水に入れ替えることが可能で、簡単に水圧システムに切り換えができ、環境にやさしいシステムにすることができます。

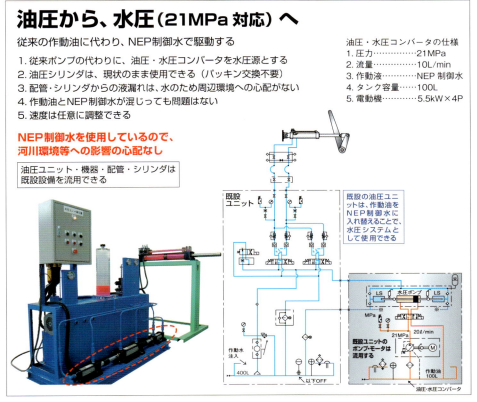

6－4. 従来の油圧から水圧へ　その２

　従来ポンプの代わりに、NEP制御水用特殊プランジャーポンプを水圧源とした水圧システム２号方式です。コスト的には油圧・水圧コンバータよりも若干高めになりますが、よりコンパクトなシステムを構築することができます。

水圧（21MPa 対応）
NEP制御水で駆動する

1. 特殊水圧ポンプを水圧源としたシステム
2. 速度は任意に調整できる
3. 配管・シリンダからの液漏れは、水のため周辺環境への心配がない
4. 作動油とNEP制御水が混じっても問題がない

特殊水圧ポンプの仕様
1. 圧力…………21MPa
2. 流量…………20L/min
3. 作動液………NEP制御水
4. タンク容量……200L
5. 電動機…………11kW×4P

6－5．遊動ポンプ開発　その3

　NEP制御水を使った水圧システムでは、その流体特性の違いから油圧システムと同じ油圧ポンプで問題がないか実験評価中で、現状特殊水圧プランジャーポンプ及びシリンダタイプの油圧・水圧コンバータをポンプとしていますが、将来的には、安価でコンパクトなものとして"遊動ポンプ"と称する新型ポンプを開発中です。

　この遊動ポンプは、内部機構によりポンプロータ部分が超減速状態で、潤滑性の乏しい水にも対応できるものです。更に、構成部品点数も少なくシンプル・コンパクトなもので、コストの低減を狙って開発を進めています。

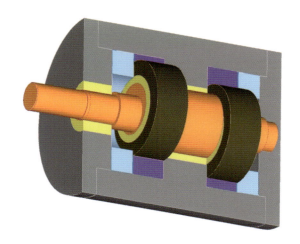

第7章　その他の技術

7－1．ギアボックス潤滑油の脱気
7－2．ギアボックス潤滑油の NEP 制御水化

次のキーワードは？

7－1. ギアボックス潤滑油の脱気

減速機における潤滑ユニットでは、時として、潤滑油を送るポンプのキャビテーションや圧力制御弁の振動から来る大きな騒音や振動に悩まされることがあります。そこで、これらの起因となっている減速機内部のギアの回転によるエア巻き込み・攪拌状況を柔らげるべく、エアの除去機能を有する潤滑ユニットの開発に取り組んでいます。

ギアボックス内のエアを真空ポンプで除去し、エアの巻き込み・気泡化を起こさないようにするシステムです。実験機による動作実験では、通常時には下の3つの写真の真ん中のように、ギアボックス内の作動油は、気泡で真っ白になりますが、本システムを起動した場合、明らかに気泡の量が減少しています。

今後、この現象をいかに有効活用していくかについて、更なる検証を進めて参ります。

7－2. ギアボックス潤滑油のNEP制御水化

NEP制御水はギアボックス潤滑油に求められる種々の性能(潤滑性・気泡発生性・粘度性)も有しており、置き換えられる可能性を持っています。とくに気泡発生については、比重量の違いでNEP制御水は気泡発生が少なく、また温度変化に対し粘度の変化が少なく、冬場の低温時に発生するキャビテーション発生を抑制できます。加えて比熱差・比重差の違いは、ギアボックス内で発生する熱交換をより大きくします。

付録（資料）

技術情報

NETIS 登録情報

SI 単位による計算式

資料目次

技術情報	69
緊急油圧装置（油圧シリンダ式開閉装置）	69
緊急油圧装置（ワイヤロープウインチ式開閉装置）	71
緊急油圧装置（排気実験）	76
作動油の劣化	78
スタットフリーエレメントによる静電気対策	79
異物の侵入と作動油の劣化／エアと異物の循環除去	80
自然環境保護型制御水（NEP制御水）	82
新油圧システムによる漏れ箇所特定	93
油圧ホースの点検と注意点	94
油種の選定	100
配管の選定	101
配管設計要領	102
油圧配管（構造・強度）	104
MIV 611 弁　3 連型（操作法）	106
試運転調整	108
配管・シリンダの作動油交換	110
MI611 システムによるエア・異物・水の循環除去と管理	112
ゲート操作精度（油圧シリンダ同調）	114
更新困難なシリンダへの対応	115
水中での点検・修理	116
水中での配管施工	118
ダム・堰関連設備における課題と対応	120
油タンクの参考寸法	136

NETIS 登録情報	137
NETIS 登録一覧表	137
油圧駆動装置用多機能弁（KK-100042-A）	138
油圧装置の空気及び異物循環除去システム（KK-110065-A）	141
単動ラムシリンダ油圧配管の 2 系統化（KK-110064-A）	144
多目的ストップバルブ（KK-120013-A）	147
レスキュー油圧ユニット（MI611-119-RESCUE）(KK-120036-A)	150
キューブ継手（KK-130013-A）	153
緊急油圧装置（KK-140032-A）	157
レスキューバルブ（KK-160003-A）	161
エア抜きを自動化した油圧シリンダ（KK-170029-A）	163

SI 単位による計算式	166

付録（資料）

技術情報

緊急油圧装置（油圧シリンダ式開閉装置）
システム回路図

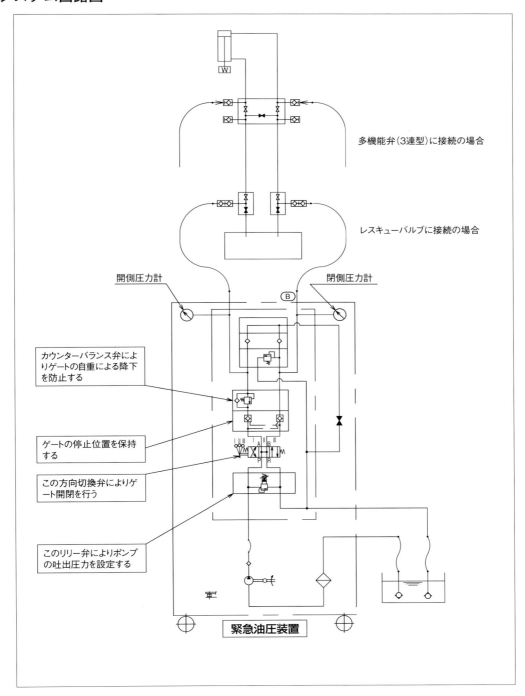

緊急油圧装置で得られる油圧シリンダの速度目安（キャップ側への供給時）

シリンダチューブ内径(mm)	受圧面積 A(cm²)	得られる速度 V(m/min)	シリンダチューブ内径(mm)	受圧面積 A(cm²)	得られる速度 V(m/min)
φ100	78.5	2.76	φ380	1133.5	0.18
φ125	122.7	1.72	φ400	1256	0.16
φ140	153.9	1.37	φ420	1384	0.15
φ160	201.0	1.05	φ450	1589.6	0.13
φ180	254.3	0.83	φ480	1808.6	0.11
φ200	314	0.67	φ500	1962.5	0.10
φ220	380	0.55	φ530	2205.1	0.096
φ250	490.6	0.43	φ550	2374.6	0.089
φ275	593.7	0.35	φ570	2550.5	0.083
φ300	706.5	0.30	φ600	2826	0.075
φ320	803.8	0.26	φ640	3215.4	0.066
φ350	961.6	0.22	φ670	3523.9	0.060

注）得られる速度の算出式　V:得られる速度(m/min)
$V=(Q/A)\times 10$　　Q:緊急油圧装置のポンプ吐出量(ℓ/min)
　　　　　　　　　　　RC-690-Sは21.7ℓ/min、RC-1370-Sは21.2ℓ/minであるが、ここではRC-1370-Sの21.2ℓ/minで算出する
　　　　　　　　　　　A:キャップ側受圧面積(cm²)

70

付録（資料）

緊急油圧装置（ワイヤロープウインチ式開閉装置）
システム回路図

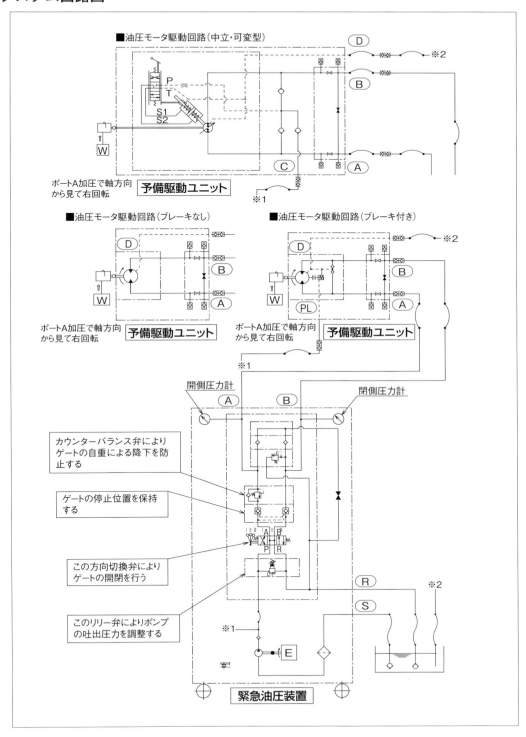

■緊急油圧装置・油圧モータ組み合わせで得られる出力トルク・回転速度・動力（表 1）

緊急油圧装置

型式	RC-690-S	RC-1370-S
エンジン定格出力	4.3kW	6.2kW
吐出圧	6.9～9MPa	13.7MPa
有効作動圧力（P）	4.3～6.2MPa	10.4MPa
吐出流量（Q）	21.7L/min	21.2L/min

油圧モータ

	型式	押しのけ容量 (q)cc/rev	定格回転速度 rpm	定格圧力差 MPa	最高入口圧力 MPa	ブレーキトルク N・m	ブレーキ解放圧力 MPa	トルク効率 (ηt)	容積効率 (ηv)	得られるトルク (T)N・m	得られる回転速度 (N)rpm	得られる動力 (L)kW	得られるトルク (T)N・m	得られる回転速度 (N)rpm	得られる動力 (L)kW
ブレーキなし	H040U	40	930	12.3	17.2	-	-	0.7	0.95	19.2～27.6	515	1.03～1.49	46.4	503	2.44
	H050U	51	910	12.3	17.2	-	-	0.77	0.95	26.9～38.7	404	1.14～1.64	65	395	2.69
	H070U	69	770	12.3	17.2	-	-	0.77	0.95	36.4～52.4	299	1.14～1.64	88	292	2.69
	H100U	96	560	12.3	17.2	-	-	0.77	0.95	50.6～73.0	215	1.18～1.7	122.4	210	2.79
	H130U	129	420	12.3	17.2	-	-	0.77	0.95	68～98	160	1.14～1.64	164.5	156	2.69
	H170U	159	340	11.3	17.2	-	-	0.77	0.95	83.3～120.8	129.6	1.14～1.64	202.7	126.6	2.68
	H200U	184	290	10.8	17.2	-	-	0.77	0.95	96.4～139.8	112.0	1.14～1.64	234.6	109.4	2.68
	H240U	230	240	9.8	17.2	-	-	0.77	0.95	120.0～174.8	89.6	1.14～1.64	276.3※	87.5	2.53
	H290U	277	200	9.3	17.2	-	-	0.77	0.95	145.2～210.5	74.4	1.14～1.64	315.7※	72.7	2.40
	H390U	369	150	8.3	17.2	-	-	0.77	0.95	193.4～280.4	55.9	1.14～1.64	375.4※	54.5	2.14
	4-490U	495	191	14	31	-	-	0.9	0.95	303.2～439.5	41.6	1.32～1.91	737.5	40.7	3.14
	4-630U	625	151	11.5	31	-	-	0.9	0.95	382.9～555	32.9	1.32～1.91	931.2	32.2	3.14
	6-980U	985	153	14	31	-	-	0.9	0.95	603.4～874.6	20.9	1.32～1.91	1467.6	20.4	3.14
ブレーキ付き	SBD05U	58	963	13.8	17.2	98	1	0.87	0.9	34.6～49.8	337	1.22～1.76	83.6	329	2.88
	SBE05U					157	1.6								
	SBD07U	76	742	13.8	17.2	98	1	0.87	0.9	45.2～65.3	257	1.21～1.76	109.5	251	2.88
	SBE07U					157	1.6								
	SBD10U	93	607	13.8	17.2	98	1	0.87	0.9	55.4～79.9	210	1.21～1.76	134	205	2.88
	SBE10U					157	1.6								
	SBD12U	120	472	13.8	17.2	98	1	0.87	0.9	71.5～103.1	163	1.21～1.76	172.9	159	2.88
	SBE12U					157	1.6								
中立・可変型	M39-25U	24	1800	21	21	-	-	0.95	0.95	15.6～22.5	859	1.4～2.0	37.7	839	3.3
	M39-35U	35	1800	21	21	-	-	0.95	0.95	22.8～32.8	589	1.4～2.0	55.0	575	3.3
	M39-50U	48	1800	21	21	-	-	0.95	0.95	31.2～44.9	429	1.4～2.0	75.5	420	3.3
	M76-70U	70	1800	21	21	-	-	0.95	0.95	45.5～65.5	294	1.4～2.0	110.1	288	3.3
	M76-100U	96	1800	21	21	-	-	0.95	0.95	62.4～89.9	215	1.4～2.0	151	210	3.3

注) 得られるトルク算出式　T＝(P・q・ηt)／2π ……※部のPは油圧モータの定格圧力差時の値
　　得られる回転速度算出式　N＝(Q・ηv×103)／q
　　得られる動力算出式　L＝(2π・N・T)／60,000

付録（資料）

■緊急油圧装置を利用したワイヤロープウインチ式ゲート用予備動力装置

概要
ダム用ゲートを例として紹介
電動ワイヤロープウインチ式には、
「緊急油圧装置」と「油圧モータ」
による緊急動力を盛り込んでおく
（方案1～3を参照）

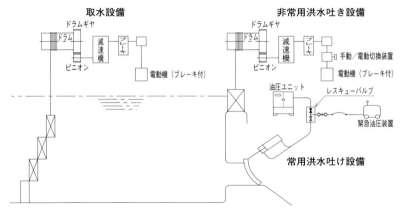

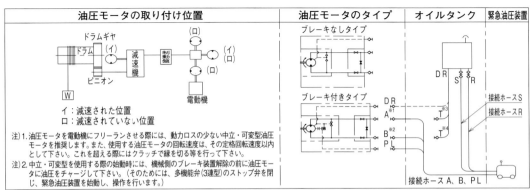

注）1.油圧モータを電動機にフリーランさせる際には、動力ロスの少ない中立・可変型油圧モータを推奨します。また、使用する油圧モータの回転速度は、その定格回転速度以内として下さい。これを超える際にはクラッチで縁を切る等を行って下さい。
注）2.中立・可変型を使用する際の始動時には、機械側のブレーキ装置解除の前に油圧モータに油圧をチャージして下さい。（そのためには、多機能弁(3連型)のストップ弁を閉じ、緊急油圧装置を始動し、操作を行います。）

※1～※4 注）油圧モータを電動機にフリーラン駆動させる際には、油圧モータのA.Bは、タンクのTに必ず接続して下さい。フリーラン流量が緊急油圧装置の21.7ℓ/sを超える場合には、Tポートのサイズに注意下さい。（標準は3/8です）

方案1
予備用電動機に対し
あらかじめ油圧モータ化しておき、非常時には緊急油圧装置で駆動する

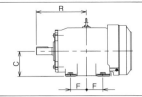

方案2
動かせなくなった電動機に対し
既設電動機と取付互換性を持たせた油圧モータを
用意しておき、非常時には緊急油圧装置で駆動する

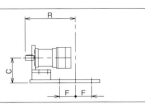

方案3
駆動伝達各部の都合の良い所
あらかじめ油圧モータを取り付けておき、
非常時には緊急油圧装置で駆動する

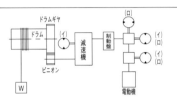

イ：減速された位置
ロ：減速されていない位置
（油圧モータの回転速度が、
最高値を超えないこと）

73

ワイヤロープウインチ式　システム図（油圧モータを切換装置に接続する例）

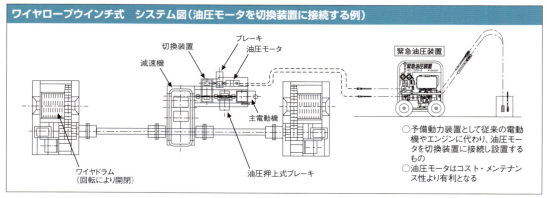

○予備動力装置として従来の電動機やエンジンに代わり、油圧モータを切換装置に接続し設置するもの
○油圧モータはコスト・メンテナンス性より有利となる

ワイヤロープウインチ式　システム図（故障した電動機を油圧モータと交換する例）

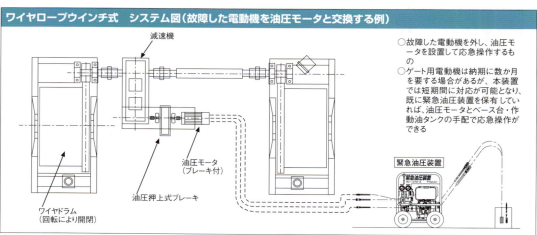

○故障した電動機を外し、油圧モータを設置して応急操作するもの
○ゲート用電動機は納期に数か月を要する場合があるが、本装置では短期間に対応が可能となり、既に緊急油圧装置を保有していれば、油圧モータとベース台・作動油タンクの手配で応急操作ができる

ワイヤロープウインチ式　予備動力用入力軸の事前設置

主旨
電源喪失や電気系統の機器故障等で操作不能になる事態に備え、ヘルカル減速機に予備動力用入力軸を取り付けておき、いざという時に緊急油圧装置による油圧モータ駆動ができるようにしておく

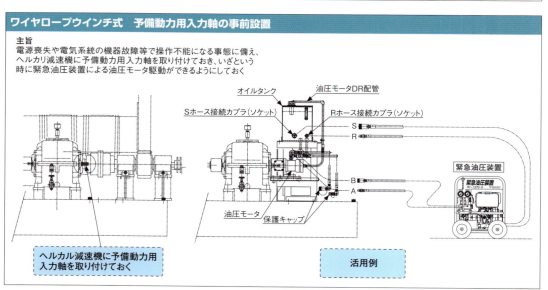

付録（資料）

油圧モータをヘリカル減速機に常時接続した実例

（女男石頭首工　土砂吐ゲートにて実証実験）

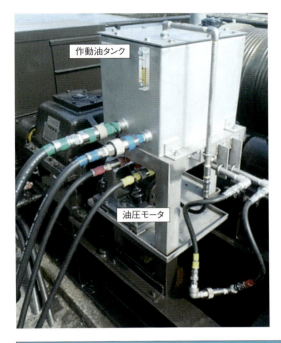

故障した電動機を油圧モータと交換した実例

（日吉ダム　選択取水設備にて実証実験）

75

緊急油圧装置（排気実験）
実験内容
　緊急油圧装置を排気管に4台接続して同時運転する際に、100 mの排気管で正常に排気ができるかどうかを確認する

仕様
圧力　　　21 MPa
吐出量　　13.6 L/min（ポンプPA4）
EG　　　　L100VS
オイル　　S4ME32
排気管　　φ100 × 100 m
騒音　　　96 db（A）
運転時間　60分連続運転

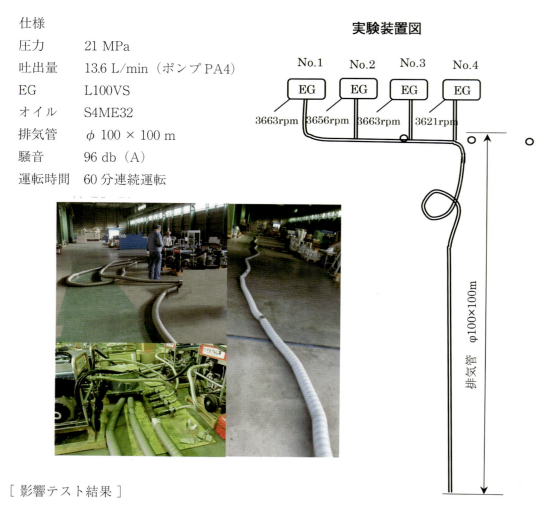

実験装置図

［影響テスト結果］
　エンジン回転数を計測：φ100排気ダクト直線設置、曲線設置、排気ダクトなし
　　　　　　　　　　　3条件共回転数に影響は見られず、使用可能である

排気ダクト：断熱材付き（SUS/SUS Type）　　　断熱材なし（SUS Type）

付録（資料）

実験機材

排気管の設置
　緊急油圧装置位置でトグロを巻く

緊急油圧装置位置から建屋の外まで引き延ばす

建屋の外でトグロを巻いて排気する
排気管の総延長 100 m 以上

騒音測定位置

4 台の緊急油圧装置の中央位置　騒音　103db（A）

緊急油圧装置から 0.9 m 離れた位置　騒音　96db（A）

77

作動油の劣化

■異物の混入
- 外部からの異物混入（切粉、切削粉、粉じん、防錆油など）
- 内部発生物（摩耗粉、錆、作動油の熱／酸化劣化生成物、スラッジ、カーボン）
- 侵入物（砂塵、ほこり、繊維、他油種、水他）

■エア混入／キャビテーション発生に伴う潤滑油のカーボン化
- エア存在下でエアが断熱圧縮され高温となり、潤滑油が燃焼する
  （ディーゼル機関で圧縮エアと燃料が燃焼する過程と同じ）
- エアと潤滑油が燃焼すると不完全燃焼であるため、カーボン（スス）や酸化生成物が生じる

■熱による酸化劣化
- 発熱原因　・油圧ポンプの発熱
　　　　　　・回路損失（配管抵抗／リリーフ弁での圧力損失）
- 潤滑油は空気中の酸素により容易に酸化を受ける
- 特に高温では酸化速度が著しく速くなり、作動油に溶解性のある酸化物を生成する
- 更に酸化が進み、酸化生成物が濃縮及び重合し、高分子量の大きな分子に変化する。その結果、溶解しにくくなり、作動油に不溶性の物質（スラッジ、樹脂状物質、酸性物質など）になる

■隅々に行き届く作動油循環システム
- 油圧回路全域の作動油の交換と同時にエア抜きができる
- 作動油循環のための設備、その運転に要する動力が省ける
- 下記のような有害なエアや異物の除去を容易に速く、しかも確実に行うことができるために、作動油や油圧機器の寿命を延ばす

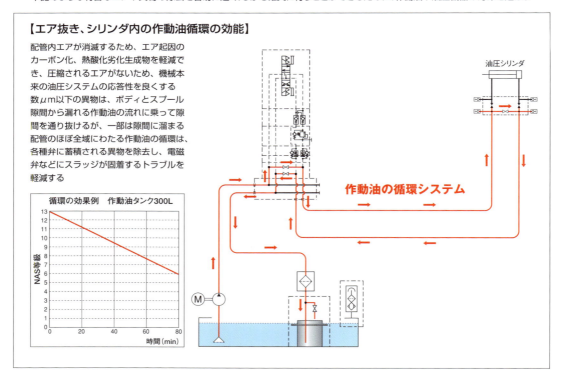

【エア抜き、シリンダ内の作動油循環の効能】

配管内エアが消滅するため、エア起因のカーボン化、熱酸化劣化生成物を軽減でき、圧縮されるエアがないため、機械本来の油圧システムの応答性を良くする
数μm以下の異物は、ボディとスプール隙間から漏れる作動油の流れに乗って隙間を通り抜けるが、一部は隙間に溜まる
配管のほぼ全域にわたる作動油の循環は、各種弁に蓄積される異物を除去し、電磁弁などにスラッジが固着するトラブルを軽減する

付録（資料）

スタットフリーエレメントによる静電気対策

雷は静電気放電で、森林火災や人命を奪う恐ろしい自然現象です。雷の規模とは比較にならないくらい小さいですが、静電気による火花放電が油圧や潤滑設備で発生し、フィルターを含む機器故障や油の劣化の原因となっています。
ハイダックの開発したスタットフリーフィルタエレメントで静電気放電による機器の損傷防止や油寿命の延長を提案します。

設備に与える静電気の害

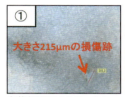
①
火花放電によるフィルターメディアの損傷⇒ろ過性能低下による清浄度悪化

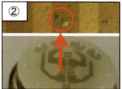
②
火花放電による圧力センサ損傷⇒ゼロ点シフト

③
作動油劣化によるバーニッシュがスプールに付着し、サーボ弁性能劣化

④
バーニッシュによるフィルター早期目詰まり

静電気は何故発生する？

材質の異なる二つ物体AとBが接触すると接触面でBの電子がAに移動します。AとBの接触面には電気二重層が形成されます。
物体AとBを引き離すと、もともと電気的に中性であったAとBは、Aに電子が残り、負、Bは電子が抜けたために正の静電気を帯びます。

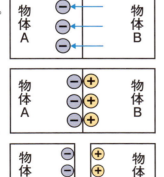

導体と不導体

金属などの導体は電気を通すため、アースによって電荷を逃がすことができます。しかし、プラスチックのような不導体は電気を通さないため、電荷は動かず不導体内に留まります。したがって、アースしても電荷を逃がすことができないため、静電気を取り除くことはできません。

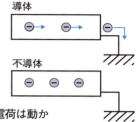

未対策のエレメント(不導体)

静電気対策をまったく施していないフィルターエレメントは、エレメント自体と潤滑油の両方に静電気が帯電し、火花放電が非常に起こりやすい状態になります。火花放電によるフィルターを含む機器の損傷及び潤滑油の劣化の原因となります。

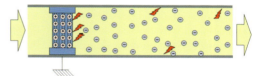

導体材料を使用しただけのエレメント

静電気は正と負の対で発生します。エレメント側に発生した静電気の除去だけでは片手落ちです。油に帯電した静電気による火花放電は防止できません。

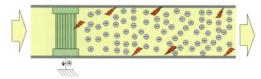

ハイダックのスタットフリーエレメント

静電気を根本原因から解決した製品です。静電気の発生量自体を大幅に低減できる設計になっており、エレメントだけでなく油への静電気帯電量を大幅に低減しています。火花放電を起こさないため、機器損傷や油の劣化を防止します。

（株式会社ハイダックより資料提供）

79

異物の侵入と作動油の劣化／エアと異物の循環除去

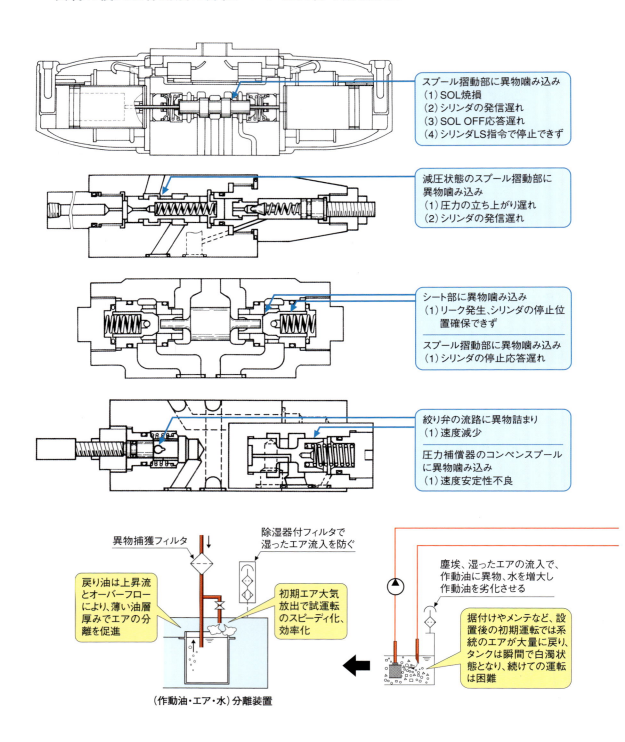

付録（資料）

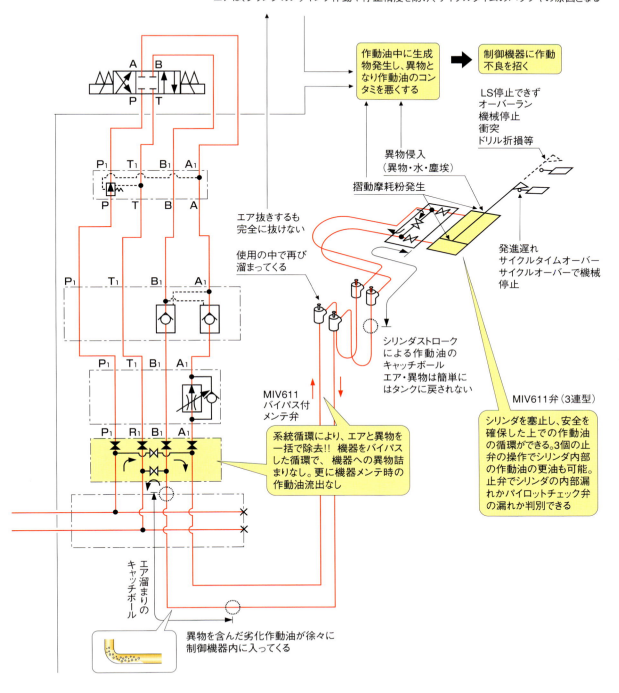

自然環境保護型制御水（NEP制御水）

1. 作動油とNEP制御水の性質の違い

1－1. NEP制御水は、気泡の発生が少なく、気泡の除去が容易

　一般に液体には空気が溶解していますが、大気圧下における空気の飽和溶解度は、鉱物性の普通の作動油の場合は体積基準で9％程度であり、水を主成分とするNEP制御水の場合は体積基準で2％程度です。したがって、油圧駆動装置内で作動油が減圧状態となった際に発生する気泡の量と、水圧駆動装置内でNEP制御水が減圧状態になった際の気泡の量を比較すると、NEP制御水を使った水圧装置の方が非常に少なくなりますので、キャビテーション等の機械的損傷は少なくなります。

　作動油の密度は0.85g/cm³程度であり、NEP制御水の密度は1g/cm³程度です。

　したがって、NEP制御水を用いる場合は作動油を用いる場合に比べて気泡の浮力が大きくなりタンク内で気泡が迅速に上昇しますので、減圧によって発生する気泡の量が少ないことと合わせて、気泡の除去が容易になります。

1－2. NEP制御水は、断熱圧縮による温度上昇の影響が少ない

　油圧駆動装置において、作動油はポンプを通過する際に圧力が高められますので、作動油中に混在する気泡が圧縮されて温度が上昇（断熱圧縮）します。

　気泡が単純に断熱圧縮された場合における圧縮後の温度は、概ね次の式で求められます。

$$Td = Ts \cdot (Pd / Ps)^{2/7}$$

Td：圧縮後の気泡の温度　［K］
Ts：圧縮前の気泡の温度　［K］
Pd：圧縮後の気泡の圧力　［MPa］
Ps：圧縮前の気泡の圧力　［MPa］

　例えば、常温（25℃）の気泡を10MPaまで圧縮した時には圧縮後の温度は838℃となり、20MPaまで圧縮した時には圧縮後の温度は1081℃となります。

　このように単純に断熱圧縮された場合の気泡の温度は非常に高くなりますが、実際には周囲への放熱により、これほど高温になることはありません。

　作動油は、NEP制御水と比べて熱伝導率が低く（作動油：約0.15w／m・K、NEP制御水：約0.6w／m・K）、高温の気泡から周囲の作動油への熱の放散が少ないため、圧縮直後の気泡は高温のままで作動油が熱劣化したり燃焼したりする恐れがあります。一方、NEP制御水は熱伝導率が高く、断熱圧縮によって発生した高温の気泡から周囲のNEP制御水への熱の放散が多いため、気泡はさほど高温となることはなく、NEP制御水が熱劣化したり燃焼したりする可能性はありません。

付録（資料）

2．NEP制御水について

2－1．NEP制御水とは
　油圧シリンダ、油圧モータ等の油圧装置は、一般に、動力伝達媒体として鉱物油からなる作動油を用いていますが、鉱物油は可燃性であるので、延焼、事故等により油圧装置に火災を発生させる恐れがあります。また、油圧装置が河川の水門等に用いられた場合、震災時等における作動油の大量漏出により下流側の広い水域にわたって水環境が損なわれる恐れがあります。そこで、作動油に代わる作動液として、火災を発生させる恐れがなく、かつ河川等に漏出した場合でも水環境を損なわない新規な水系作動液を開発し、その商品名を「自然環境保護型制御水（NEP制御水）」と名付けました。NEP制御水は、液圧装置の動力伝達媒体として、総合的には作動油と同等以上の性能を有するものであり、かつ既設の油圧装置において作動油と取り替えて用いることができるものです。「自然環境保護型制御水（NEP制御水）」は商標登録出願中です。

2－2．NEP制御水の主成分
　NEP制御水は、純水または蒸留水に下記の添加剤等を溶解させた水溶液です。
（1）増粘剤：水溶性高分子または多糖類
（2）潤滑性向上剤兼凍結防止剤
（3）pH調整剤：NEP制御水のpH：8〜10

2－3．NEP制御水の特徴
（1）作動液の性状に関して考慮すべき事項
　一般に、液圧装置の作動液については、次の事項が考慮されます。
ア．非圧縮性
イ．粘度（動粘度）
ウ．潤滑性（摩擦係数）
エ．化学的劣化（酸化）
オ．シールとの適合性
カ．金属腐食性
キ．異物混入の影響
ク．火災危険性
ケ．毒性・環境汚染性
コ．気泡の挙動
サ．蒸発性
シ．生物的劣化（腐敗）
ス．不凍性

（2）NEP制御水の性質
　NEP制御水の性質はおよそ次のとおりです。（作動油との対比はP89の表にまとめる）

　ア．非圧縮性
　液圧装置の作動液は非圧縮性であることが必須ですが、NEP制御水は非圧縮性の水溶液です。なお、作動油も非圧縮性です。

　イ．粘度（動粘度）
　作動液の粘度（動粘度）は、油圧装置の摺動部（例えばピストンとシリンダの摺動部）における液漏れ防止の観点からは高いのが好ましいが、作動液流通経路（例えば配管系統）における圧力損失低減の観点からは低いのが好ましいとされます。両者を両立させるため、一般に、作動液の常温での粘度は 20 ～ 50mPa・s 程度に設定されます。NEP制御水は、純水または蒸留水に対して 1wt％未満の所定量の水溶性高分子または多糖類を添加することにより、常温での粘度を 10 ～ 200mPa・s の範囲内で任意の粘度に設定することができます。したがって、既設の油圧装置において作動油に代えてNEP制御水を作動液として用いる場合、水溶性高分子または多糖類の添加量を調整することにより、従来の作動油と同等の粘度（動粘度）を有するNEP制御水を容易に得ることができます。なお、作動油の場合、粘度は、用いる鉱物油の種類ないしは配合を変えることにより調整します。
　作動液は温度変化に対する粘度変化が小さい方が好ましいとされます。NEP制御水の粘度は、水溶性高分子または多糖類と水との間の水素結合、イオン結合、疎水結合などの相互作用によって生じますが、このような結合力の温度依存性は比較的小さいため、NEP制御水では温度変化に対する粘度変化が作動油に比べて非常に小さくなります。

　ウ．潤滑性（摩擦係数）
　油圧装置の摺動部（例えばピストンとシリンダの摺動部）あるいは噛合部（例えばギヤポンプの歯車噛合部）での部品の摩耗を低減するために、作動液は適切な潤滑性を有することが必要です。摺動部あるいは噛合部は作動液に完全に浸漬された状態にあり、作動液による流体潤滑状態となります。NEP制御水は、このような状態における摺動部間あるいは噛合部間の摩擦係数を低減するために、潤滑性向上剤兼凍結防止剤として、プロピレングリコールまたはグリセロールを添加しています。なお、作動油は本質的に潤滑性に優れています。プロピレングリコールまたはグリセロールは凍結防止剤としても機能します。

　エ．化学的劣化（酸化）
　作動液は、化学反応（とくに高温時の酸化反応）による劣化が生じにくいことが必須です。NEP制御水は、基本的には純水と、水溶性高分子または多糖類と、プロピレングリ

コールまたはグリセロールとからなります。ここで、水は酸素と化合せず、水溶性高分子、多糖類、プロピレングリコール及びグリセロールは、その燃焼温度（数百℃）未満では酸素と化合せず、またこれらの成分が互いに化学反応を起こす可能性はありません。したがって、NEP制御水に化学的劣化は生じません。NEP制御水の沸点は105～110℃程度です。なお、鉱物油からなる作動油は、必然的に酸化により劣化し、劣化速度は温度が高いほど大きくなります。

オ．シールとの適合性
　一般に、油圧装置のパッキンの材料はニトリルゴムですが、水、水溶性高分子、多糖類、プロピレングリコールまたはグリセロールはニトリルゴムを劣化させることはありません。したがって、NEP制御水はニトリルゴム製のパッキンに対する適合性があります。なお、ニトリルゴムは多種多様であるので、実験等により使用するNEP制御水と最も適合性が高いものを選択することができます。

カ．金属腐食性
　一般に、液圧装置は金属材料で作成されますが、アルミニウムまたはアルミニウム合金以外の液圧装置の金属材料は、pH8以上では酸（水素イオンH＋）による腐食は起こらず、またアルカリ（水酸化物イオンOH−）による腐食も起こりません。なお、アルミニウムまたはアルミニウム合金は、pH11を超えるとアルカリ（水酸化物イオンOH−）による腐食が生じる可能性があります。NEP制御水は、pHが8～10であるので、たとえ液圧装置の一部にアルミニウムまたはアルミニウム合金製の部品が使用されても、目立った腐食が起こることはありません。したがって、NEP制御水のpHを厳密に調整ないしは管理することにより金属腐食を防止することができます。なお、作動油は、硫黄分が入っていない限り、金属腐食性は概して低くなります。

キ．異物混入の影響
　液圧装置は、概ね閉鎖系であり、外部から土塵や埃等の異物が侵入しない構造となっていますが、完全な密閉系ではないので、大気中からの水蒸気の侵入は防ぐことができません。このため、油圧装置では、大気中から作動油に水蒸気が混入し、作動油の劣化や白濁が生じます。NEP制御水は大半が水であるので、NEP制御水を用いる液圧装置では、大気中からの水蒸気の侵入は、何ら不具合を生じさせません。なお、水蒸気以外の異物の侵入は、機械的に容易に防止することができます。

ク．火災危険性
NEP制御水は大半が水であるので不燃性であり、NEP制御水を用いる液圧装置に火災

が発生する可能性はなく、防火の点で極めて有利です。一方、鉱物油からなる作動油は可燃性ですので、延焼、事故等により油圧装置に火災が発生する危険性があります。

ケ．毒性・環境汚染性

NEP制御水に増粘剤として用いられる水溶性高分子は、食品や化粧品の製造分野で増粘剤として用いられているものであり、生体に対する毒性は極めて低いものです。NEP制御水に潤滑性向上剤として用いられるプロピレングリコールは、医薬品や化粧品、麺や米飯などの食品に品質改善剤として用いられているものであり、生体に対する毒性が極めて低いものです。また、NEP制御水に潤滑性向上剤として用いられるグリセロールは、人体内における脂肪の消化の過程で生成されるものであり、食品にも甘味料、保存料、保湿剤、増粘安定剤などとして用いられています。したがって、NEP制御水の生体に対する毒性は極めて低いものであり、たとえ河川等に流出しても水中の生態系に悪影響を及ぼすものではありません。

水溶性高分子、プロピレングリコール、グリセロールは、窒素化合物、リン化合物等の養分が十分に存在する自然環境下では、微生物によって生物分解され、最終的には二酸化炭素と水になるものです。なお、NEP制御水は水溶液であり、河川等に漏出した場合、河川等の水と即時に混和し、水底に沈降したり、水面に浮遊したりすることはありません。したがってNEP制御水は、液圧装置から河川等に漏出した場合でも自然界の自浄作用により分解されるものであり、環境汚染性は非常に低いものです。

コ．気泡の挙動

一般に、液圧装置の作動液は、作動液タンク内等で常時空気と接触しているので、ほぼ飽和溶解度まで空気が溶解しています。そして、空気飽和溶解度は、概ね作動液の圧力に比例して変化します。このため、作動液の循環回路内で作動液が減圧状態（大気圧未満）になるところ（例えばポンプ吸込口）では、作動液中に溶解していた空気の一部が溶解できなくなり微小な気泡が発生します。これらの気泡は、作動液の圧力が再び上昇した時に作動液に溶解することになりますが、気泡が作動液に完全に溶解するには、ある程度の時間を必要とします。このため、残留している気泡によって、ポンプのキャビテーションや部品のエロージョンが発生することがあります。

大気圧下では、鉱物油からなる作動油の常温での空気飽和溶解度は体積基準で9%程度ですが、NEP制御水の場合は体積基準で2%程度です。このように、NEP制御水の空気飽和溶解度は作動油に比べて非常に小さいので、NEP制御水では気泡の発生量が非常に少なくなり、ポンプのキャビテーションや部品のエロージョンの発生は大幅に低減されます。

作動液中に気泡が存在する場合、気泡は圧縮性であるので、加圧された作動液によって

駆動される液圧シリンダ等の液圧装置の動作に不具合が生じる恐れがあります。また、作動液の加圧により気泡が断熱圧縮された場合、気泡外への熱放散が悪いと気泡は高温となります（例えば10MPaで約800℃）。このため、作動液として作動油を用いた場合、気泡外への熱放散が悪いので、気泡と隣接する作動油が高温となって熱劣化ないしは酸化が起こる可能性があります。

　NEP制御水では、作動油に比べて気泡の発生量が非常に少ないので、気泡による液圧装置の動作の不具合は大幅に低減されます。また、NEP制御水は熱伝導率が高く（作動油の約5倍）、かつ熱容量が大きいので、断熱圧縮により気泡に発生した熱は迅速に気泡外に放散され、気泡はさほど高温とはなりません。このため、気泡に隣接するNEP制御水が高温となることはありません。なおNEP制御水は、たとえその沸点まで温度が上昇しても酸化または熱劣化することはありません。

　また、一般に液圧装置では、作動液タンクに気泡浮上分離装置が付設されますが、作動液の密度が高ければ高いほど気泡の浮力が大きく、気泡の分離効率は良くなります。

　鉱物油からなる作動油の密度は0.85g／cm^{3}程度ですが、NEP制御水の密度は1g／cm^{3}程度です。したがって、NEP制御水を用いる場合は作動油を用いる場合に比べて、気泡浮上分離装置における気泡の浮力が大きくなり、気泡の除去がより容易かつ迅速となります。

　サ．蒸発性

　液圧装置は完全な密閉系ではないので、例えば作動液タンクで作動液が蒸発する可能性があります。NEP制御水は大半が水であり、作動油と比べて飽和蒸気圧が比較的高いので、作動液タンクで蒸発して目減りする可能性があります。そこで、NEP制御水が目減りした時には、作動液タンクに目減り分の水（純水または蒸留水）を補給します。目減り分の水を補給する際に多めに水が補給されてもNEP制御水の物性（pH、粘度、潤滑性、不凍性等）はほとんど変化せず、その後の水の蒸発により元の状態に復帰します。

　また、作動液タンク内のNEP制御水の表面に薄い油層を浮遊させて、NEP制御水の蒸発を防止するようにしてもよいでしょう。従来は作動油を用いていた既設の油圧装置から作動油を抜き取り、その代替物としてNEP制御水を使用する場合、当初は、既設の油圧装置ないしはその作動油通路に残留していた作動油が、作動液タンク内に適度な油層を形成するので、ことさら作動液タンクに油を供給する必要はありません。NEP制御水中に浮遊する作動油の粒子は、水と比べて密度が小さいので、作動液タンク内で浮上して油層となり、NEP制御水の循環経路から排除されます。

　このようにNEP制御水中に作動油が混在する場合、作動液タンク内で、微小な作動油粒子と微小な気泡とが結合し、これらが混在する半固体状ないしはペースト状の物質が生成されることがあります。この物質は作動液タンク内で浮上して水面を覆う層状物とな

り、NEP制御水の蒸発を防止します。この物質は半固形状のため、除去する必要があれば、目の細かいメッシュ等で掬い取ることができます。なお、この物質はNEP制御水と比べて密度が小さいので、NEP制御水中に戻ることはありません。

シ．生物的劣化（腐敗）

NEP制御水の原料である水溶性高分子、多糖類、プロピレングリコール、グリセロールは炭素、水素あるいは酸素を含む有機化合物であり、基本的には微生物の栄養源となりうるものです。したがって、微生物の増殖に必要な窒素化合物、リン化合物等が十分に供給された場合は、NEP制御水は微生物によって生物分解される（腐敗する）可能性はあります。

しかし、ほぼ閉鎖系である液圧装置ないしはその配管には、微生物の増殖に必須である窒素化合物、リン化合物等が侵入する可能性はありません。したがって、液圧装置では、NEP制御水中で通常の微生物が増殖する可能性はなく、NEP制御水の生物的劣化（腐敗）は生じません。

なお、NEP制御水が河川、湖沼等に排出された場合、外界には窒素化合物、リン化合物等が大量に存在するので、NEP制御水は微生物によって生物分解され、水と炭酸ガスとなり消滅します。

ス．不凍性

液圧装置が寒冷地に設置される場合、作動液は冬季に凍結しないことが必須です。NEP制御水は、潤滑性向上剤兼凍結防止剤としてプロピレングリコールまたはグリセロールを添加し、凍結を防止するようにしています。NEP制御水が寒冷地で用いられる場合、冬季の温度に応じてプロピレングリコールまたはグリセロールの添加量が調整されます。なお、NEP制御水は混合物であるので、低温時には単一物質のように一定の凝固点を境に完全な液体から完全な固体に状態変化するわけではなく、ある温度範囲（－20～－60℃）で流動性のあるシャーベット状ないしは固液混在状態となります。

88

付録（資料）

NEP制御水と作動油の対比表

	NEP制御水	作動油
非圧縮性	非圧縮性である	非圧縮性である
粘度（動粘度）の調整	水溶性高分子の添加量で調整	用いる鉱物油の種類で調整
粘度の温度依存性	温度変化に対する粘度変化小	温度変化に対する粘度変化大
潤滑性（摩擦係数）	潤滑性向上剤を添加する	本質的に良好
化学的劣化（酸化）	なし	酸化による劣化大
シールとの適合性	ニトリルゴムで問題なし	ニトリルゴムで問題なし
金属腐食性	pH管理により金属腐食性小	本質的に金属腐食性小
異物の混入による劣化	なし	水蒸気の混入により劣化する
火災の危険性	不燃性で火災の危険性なし	可燃性で火災の危険性あり
生体に対する毒性	なし	経口摂取による毒性あり
環境汚染性	なし	漏出により水環境の油汚染
気泡発生量	少ない	多い
気泡の断熱圧縮の影響	影響なし	作動油の高温劣化が生じる
タンクでの気泡分離性	良好	NEP制御水にやや劣る
作動液の蒸発	あり	なし
生物的劣化（腐敗）	なし	なし
不凍性	凍結防止剤の添加量で調整	凝固点の低い鉱物油を配合

3. NEP制御水についての法的規制

3－1. NEP制御水の原料
NEP制御水の原料は下記のとおりです。
（1）純水または蒸留水
（2）増粘剤：水溶性高分子、増粘多糖類（ガム）
（3）潤滑性向上剤兼凍結防止剤：プロピレングリコール、グリセロール
（4）pH調整剤：水酸化ナトリウム

3－2. NEP制御水の各原料の特性
（1）水溶性高分子

合成系の薬剤ですが、生体に対する毒性ないしは有害性は極めて低く、品質が食品添加レベルのものは、食品分野で増粘剤として使用されています。水溶性高分子の使用が、生体の保護の観点から法的に規制されることはありません。

（2）増粘多糖類（ガム）

増粘多糖類（ガム）、例えばタマリンドシードガムは、天然由来のものであり、ジャム、ドレッシング、ソース等の材料として幅広く使用され、むしろ一種の食品として位置づけられるべきものであり、生体に対する毒性ないしは有害性は皆無です。増粘多糖類の使用が、生体の保護の観点から法的に規制されることはありません。

（3）プロピレングリコール

プロピレングリコールは、医薬品や、化粧品や、麺や米飯などの食品に品質改善剤として用いられているものであり、生体に対する毒性ないしは有害性は極めて低いものです。なお、プロピレングリコールは、可燃性であることから消防法では危険物第4類に分類されていますが、NEP制御水のプロピレングリコール濃度は可燃限界濃度よりはるかに低いものです。よって、NEP制御水がプロピレングリコールを含むことに起因して消防法による規制を受けることはありません。

（4）グリセロール

グリセロールは、生体内における脂肪の消化の過程で生成されるものであり、また食品にも、甘味料、保存料、保湿剤、増粘安定剤などとして用いられているものであり、生体に対する毒性は極めて低いものです。なお、グリセロール自体は可燃性であることから消防法で危険物第4類の第3石油類に分類されていますが、NEP制御水のグリセロール濃度は可燃限界濃度よりはるかに低いものです。よって、NEP制御水がグリセロールを含むことに起因して消防法による規制を受けることはありません。

（5）水酸化ナトリウム

水酸化ナトリウムは、水中ではナトリウムイオン（Na+）と水酸化物イオン（OH−）とに電離しており、水中の水酸化物イオン濃度が高いとアルカリ性は強くなるものの、両イオンとも元々生体内に存在するイオンであり、物質としては生体にとって有毒ないしは有害なものではありません。よって、アルカリ性ないしはpHに基づく規制を受けることはさておき、水酸化ナトリウムの使用自体が、生体の保護の観点から法的に規制されることはありません。

3−3.　NEP制御水に対する規制

NEP制御水は、耐用年数の経過後に水域に排出され、または廃棄されるものですが、公共用水域（河川、湖沼、海）に排出される場合は水質汚濁防止法ないしはその上乗せ条例によって規制される可能性があり、公共下水道に排出される場合は下水道法ないしはその上乗せ条例によって規制される可能性があります。

水質汚濁防止法または下水道法ないしはその上乗せ条例は、事業場等から排出される排出水または汚水が、健康項目に係る所定の有害物質（28種類）を含む場合は、排出量の大小にかかわらず、排出水または汚水の有害物質の濃度が排出基準以下となるように規制しています。

一方、生体に対して直接的な毒性または有害性のない、生活環境項目に係る排出水または汚水の水質については、水質汚濁防止法または下水道法では、排出水または汚水の1日の平均排出量が50m³未満の事業所等については、その排出を何ら規制していません。なお、上乗せ条例により、排出水または汚水の1日の平均排出量が10m³以上の場合は、その排出を規制している都道府県もあります。

前記のとおり、NEP制御水は、水質汚濁防止法または下水道法に規定された健康項目に係る有害物質は何も含んでいません。また、作動液としてNEP制御水を用いる液圧装置では、NEP制御水は循環使用され、耐用年数の経過後に、概ね500〜1000リットル程度のNEP制御水が公共用水域または公共下水道に排出されるだけです。したがって、最も厳しい上乗せ基準が適用される都道府県においても、作動液としてNEP制御水を用いる液圧装置から、1日平均で$10m^3$以上の排出水または汚水が公共用水域または公共下水道に排出される可能性は皆無です。よって、作動液としてNEP制御水を用いる液圧装置において、NEP制御水を公共用水域または公共下水道に排出する際に、水質汚濁防止法もしくは下水道法またはその上乗せ条例による規制を受けることはありません。

付録（資料）

新油圧システムによる漏れ箇所特定

従来技術

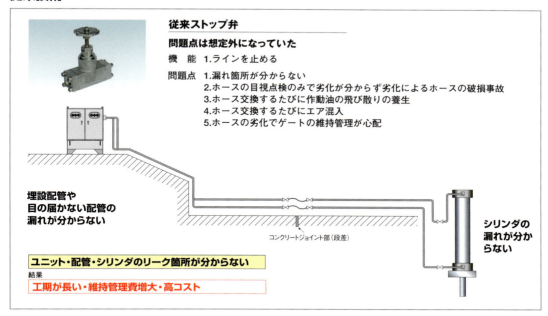

新技術

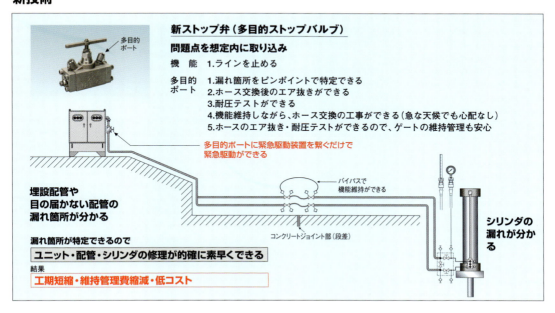

93

油圧ホースの点検と注意点

従来ストップ弁によるホース交換

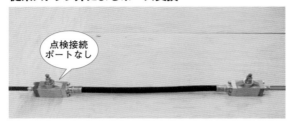

点検接続ポートなし

ストップ弁に点検接続ポートは付いていない

①ホース交換時には、事前の油抜きはできず、フランジを外す際、作動油の流出がある
②ホース交換時の取り付け後はホース内部の空洞部のエアが管路に流入し、あらためてのエア抜き作業が大変
③ホース取り付け後の耐圧テストができない
④機能維持してホース交換ができない

油圧ホース・現状の点検方法と注意点

1. **取り付け**　　最小曲げの確保／ねじれをなくす／引っ張られないようにすること
　　　　　　　　　他の物体と接触させないこと
2. **内部環境**　　ホース内部のエア溜まり・異物・水分は充分に抜くこと
3. **外部環境**　　直射日光等を避けること
4. **劣化寿命**　　7～10年でホース交換

ホースの破損事故

- **運転中のホースの破損**
  ゲート運転中に破損することは油漏れの拡大になる
- **ゲート停止中の破損**
  起伏ゲートでは起立時の停止中でも水圧がかかっているので、ホースにも油圧がかかり油漏れの拡大になる

ホースの点検

1.取り付け	マニュアルどおりに正しく取り付けられているか確認
2.ホース内部	確認の手段なし
3.ホース外部	ホース外部を目視チェックするも、大きいキズや表側のキズは分かるが、小さいキズ・ホース裏側のキズはチェックしきれない
4.劣化状況	ダム用ゲート開閉装置（油圧式）点検・整備要領（案） P66.表4.2.1-3.油圧配管の点検項目　遂行者評価 ・表面劣化（割れなど）のないこと ・継手部に油漏れのないこと ・ホースの寿命は7～10年程度であるが使用状況によって大きく異なる
ホースの取り換え	●旧ホース取り外しの際には、内部の作動油が外部に流出する ●新ホース取り付けの際には、内部のエア（空洞部）が回路内に入り込み、一度入ったエアはなかなか抜けない ●取り付け後の耐圧テストは、システム全体に圧力がかかりできない ●取り換え作業中は、装置の機能維持ができない

「ホース両端には原則としてストップ弁を設けなければならない。」
(ゲート用開閉装置(油圧式)設計要領(案)P243)

多目的ストップバルブ
MIV611弁(1連型)

多目的ストップバルブによるホース交換

点検交換ポート付

機能維持した状態でホース交換ができる

多目的ストップバルブの特長

① ホース交換時には事前に油抜きができ、取り外しの際の作動油の流出なし
② ホース取り付け後には事前にホース内部の空洞部のエアを抜くことができ、管路への流入なし
③ ホース取り付け後の耐圧テストは上流・下流をバイパス、システムの機能を維持した状態で、ホース部のみの耐圧テストができる
④ 耐圧テストは定期点検でも有用で、目視だけでは判別しにくいので、劣化ホースを耐圧テストで確認、信頼性の向上に役立つ

作動油充填&エア抜き

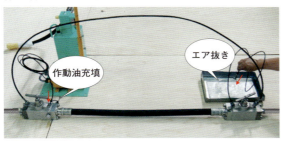

作動油充填

エア抜き

・多目的ポートで、作動油充填及びエア抜きができる

残留エアの断熱圧縮(14MPaで約1000℃)で作動油温度が上昇し、酸化・劣化するので故障の原因になる

耐圧テスト

加圧

耐圧確認
21MPa

・耐圧テストは定格圧力の1.5倍で2分間以上保持。破損・変形・油漏れの有無を確認
・ホースのエア抜き・耐圧テストができるので、ゲートの維持管理も安心

ホースの目視点検のみで劣化が分からず、劣化によるホースの破損事故があった

油圧ホース使用上の注意

1. 取り付け　最小曲げの確保／ねじれをなくす／引っ張られないようにすること
　　　　　　　　他の物体と接触させないこと

2. 内部環境　ホース内部のエア溜まり・異物・水分は充分に抜くこと

3. 外部環境　直射日光等を避けること

4. 劣化寿命　10年

ホースの破損事故

● **運転中のホースの破損**
　重要な点は、ゲート運転中や停止中に破損することや油漏れ等があってはならない

● **ゲート停止中の破損**
　起伏ゲートでは起立時に水圧がかかっている。よってホースにも水圧がかかっている

ホースの点検

	従来技術の場合	NETISコア技術の場合
1.取り付け	マニュアルどおりに正しく取り付けられているか確認	同様
2.ホース内部	確認の手段なし	目視チェックに加え、耐圧テストによる確認ができ、劣化ホースの信頼度が確認できる 耐圧テストは多目的ポートによりホースの上流・下流を塞止、縁切り状態で行うことができる また、耐圧テスト中は同じく多目的ポートにより、上流・下流をバイパス接続でき、システムの機能維持も図れる 耐圧テストは通常使用圧力の1.5倍を2分間以上行う
3.ホース外部	ホース外部を目視チェックするも、大きいキズや表側のキズは分かるが、小さいキズ・ホース裏側のキズはチェックしきれない	
4.劣化状況	ダム用ゲート開閉装置（油圧式）点検・整備要領（案）P66.表4.2.1-3.油圧配管の点検項目 遂行者評価 ・表面劣化（割れなど）のないこと ・継手部に漏油のないこと ・ホースの寿命は10年程度であるが使用状況によって大きく異なる	
ホースの取り換え	●旧ホース取り外しの際には、内部の油が外部に流出する ●新ホース取り付けの際には、内部のエア（空洞部）が回路内に入り込み、一度入ったエアはなかなか抜けない ●取り付け後の耐圧テストは、システム全体に圧力がかかりできない ●取り換え作業中は、装置の機能維持はできない	●旧ホース取り外しの際には、多目的ポートにより、排油、エア通しで油の外部流出なし ●新ホース取り付け後は、多目的ポートによりエア抜き及び油のホース内充填ができる ●取り付け後は、取り換えたホースのみ耐圧テストができる ●取り換え作業中は、装置の機能を維持状態ですることができる

付録（資料）

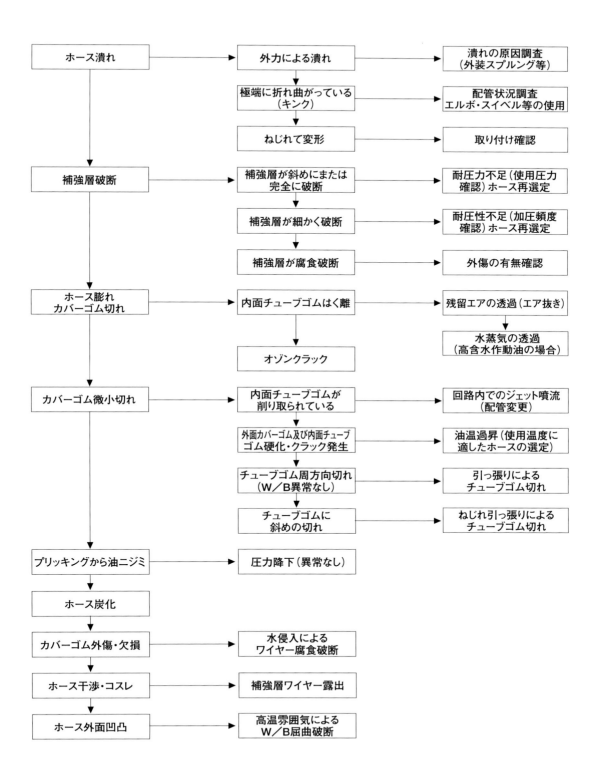

外部環境―資料

番号	No.6	事象	補強層破断（ワイヤー腐食破断）

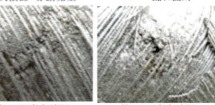

カバーゴム欠損部　赤錆発生　　　　　　　漏れ箇所

第4W/S腐食破断　　第3W/S腐食破断　　第2W/S腐食破断　　第1W/S腐食破断

メカニズム
① 何らかの要因により、カバーゴム欠損
② カバーゴム欠損部に水等が浸入
③ 補強層の錆が進行し、時間の経過とともにワイヤーが腐食破断
④ ワイヤーが腐食破断を起こしたことにより、局部的に耐圧不足を起こし漏れ

チューブゴム微小切れ

チューブゴムに浮きが認められ、ねじれが加わった状況も認められる（W/Sバラケ）

番号	No.7	事象	補強層破断（ワイヤー腐食破断）

事故部　赤錆発生

カバーゴム除去後、W/B状況（腐食）　　　　　　W/B腐食破断

メカニズム
① 鋭利な物でカバーゴム上に外傷
② カバーゴム切れ部に水・湿気等が浸入
③ 補強層の錆が進行し、時間の経過とともにワイヤーが腐食破断
④ ワイヤーが腐食破断を起こしたことにより、局部的に耐圧不足を起こし漏れ

W/B切れ部下チューブゴム切れ状況

付録（資料）

内部環境―資料

番号	No.8	事象	ホース膨れ・カバーゴム切れ（残留エアの透過）

カバーゴム上に微小の切れ

チューブゴム内 膨れ状況

チューブゴムがはく離（内管落ち＝棚落ち）している。

内管落ち、膨れの際でチューブゴム切れ

原因：

　　残留エアの透過

番号	No.8	事象	残留エアの透過（内管落ち＝棚落ちのメカニズム）

内管落ち＝棚落ちのメカニズム

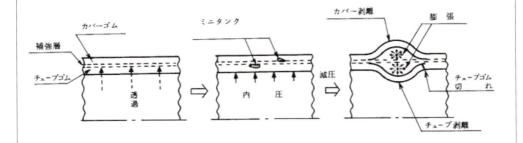

① 配管内に残った残留エアが、チューブゴムを透過し、補強層ワイヤー間にミニタンクとなり溜まる

② ミニタンクが使用の経過とともに大きくなり、内圧を減じた時にミニタンクが膨張し、その繰り返しでチューブゴムがはく離し、内管落ち（棚落ち）の際にチューブゴムが切れ、漏れが発生する

99

油種の選定

当社推奨油ラインアップ

● シェルテラスオイルS2M
特徴　耐磨耗性、極圧性に優れている

代表性状

	密度(15℃)	引火点	流動点	色	粘度(40℃)	粘度(100℃)	粘度指数
シェルテラスオイルS2M22	0.860	216	−30.0	L0.5	22	4.3	104
シェルテラスオイルS2M32	0.869	224	−30.0	L0.5	32	5.5	107
シェルテラスオイルS2M46	0.845	236	−30.0	L0.5	46	6.9	104

● シェルテラスオイルS4ME
特徴　合成油系作動油／長寿命／省エネルギー／高引火点ー消防法上可燃性液体類

代表性状

	密度(15℃)	引火点	流動点	色	粘度(40℃)	粘度(100℃)	粘度指数
シェルテラスオイルS4ME32	0.831	256	−40.0	L0.5	32	6.3	135
シェルテラスオイルS4ME46	0.834	258	−40.0	L0.5	46	7.8	136

● シェルナチュラーレHF−E
特徴　合成油系作動油／生分解性作動油／長寿命

代表性状

	密度(15℃)	引火点	流動点	色	粘度(40℃)	粘度(100℃)	粘度指数
シェルナチュラーレHF−E32	0.917	210	−50.0	緑	32	6.3	>90
シェルナチュラーレHF−E46	0.919	210	−50.0	緑	46	7.8	>90

● 粘度の選定

使用油種が決定したら、次に適正粘度グレードは、各種油圧ポンプの適正粘度範囲と作動油の粘度 ― 温度特性図表によって選定する
粘度選定を誤ると下記のようなトラブルを起こすことがある

粘度選定の誤りによる弊害

● 粘度が高すぎる場合
内部摩擦の増加（ポンプの隙間、弁などを作動油が通過する際の流体抵抗が増加する）
温度上昇
作動の不円滑
油圧系統の圧力損失の増大
動力消費量の増大

● 粘度が低すぎる場合
内外部の隙間の漏れの増大
ポンプのすべりの増大（このためポンプ高率の低下、油温の上昇をきたす）
すべり部分の摩擦の増大
油圧系統の圧力低下
作動の精度低下

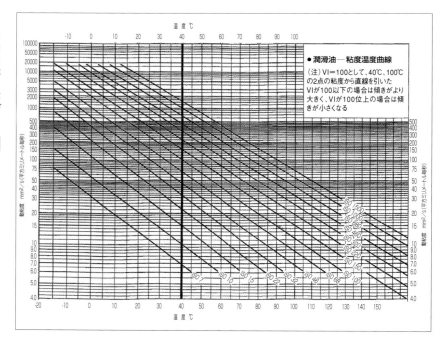

● 潤滑油―粘度温度曲線
（注）VI＝100として、40℃、100℃の2点の粘度から直線を引いたVIが100以下の場合は傾きがより大きく、VIが100位上の場合は傾きが小さくなる

付録（資料）

配管の選定

圧力損失

MPa

流量 l/min	Sch80 鋼管(直管) 10m当たり					Sch160 鋼管(直管) 10m当たり				
	15A	20A	25A	32A	40A	15A	20A	25A	32A	40A
5	0.148	0.044	0.016	0.005	0.003	0.271	0.090	0.031	0.008	0.004
10	0.297	0.088	0.032	0.011	0.006	0.542	0.180	0.061	0.016	0.009
20	0.593	0.175	0.064	0.021	0.011	1.084	0.360	0.123	0.031	0.018
30	0.890	0.263	0.095	0.032	0.017	1.626	0.540	0.184	0.047	0.027
40	1.187	0.350	0.127	0.042	0.023		0.721	0.246	0.062	0.035
60	1.780	0.526	0.191	0.064	0.034		1.081	0.369	0.093	0.053
80		0.701	0.254	0.085	0.046		1.441	0.491	0.124	0.071
100		0.876	0.318	0.106	0.057			0.614	0.155	0.089
120		1.051	0.381	0.127	0.068			0.737	0.186	0.106

流量 l/min	CEA,CEB エルボ 1個当たり					CT チー 1個当たり				
	15A	20A	25A	32A	40A	15A	20A	25A	32A	40A
5	0.000	0.001	0.000	0.000	0.000	0.001	0.001	0.000	0.000	0.000
10	0.001	0.001	0.000	0.000	0.000	0.001	0.002	0.001	0.000	0.000
20	0.002	0.002	0.001	0.000	0.000	0.003	0.005	0.002	0.001	0.000
30	0.003	0.003	0.001	0.000	0.000	0.004	0.007	0.002	0.001	0.000
40	0.004	0.004	0.001	0.001	0.000	0.006	0.009	0.003	0.001	0.000
60	0.006	0.006	0.002	0.001	0.000	0.009	0.014	0.005	0.002	0.001
80		0.008	0.003	0.001	0.000		0.018	0.006	0.003	0.001
100		0.011	0.003	0.001	0.000		0.023	0.008	0.003	0.001
120		0.013	0.004	0.002	0.000		0.027	0.010	0.004	0.001

V：管内流速　m/sec　　L：配管長さ　m　　　　　直管の圧損＝$32 \cdot 10^{-6} \cdot V \cdot \rho \cdot L \cdot \nu / d^2$ MPa
ν：作動油粘度　210cst　　d：配管内径　mm
ρ：作動油密度　870kg/m³　　k：曲がり係数（エルボ＝1.2　チー＝1.5）　　曲管の圧損＝$k \cdot \rho \cdot V^2 / 2 \cdot 10^{-6}$ MPa

配管の安全率

使用圧 MPa	安全率									
	15A		20A		25A		32A		40A	
	Sch80	Sch160	Sch80	Sch160	Sch80	Sch160	Sch80	Sch160	Sch80	Sch160
7	27.1	36.3	22.4	33.9	20.7	31.4	17.8	24.2	16.1	23.6
8	23.7	31.8	19.6	29.6	18.1	27.5	15.5	21.1	14.1	20.6
9	21.1	28.3	17.4	26.3	16.1	24.4	13.8	18.8	12.6	18.3
10	19.0	25.4	15.7	23.7	14.5	22.0	12.4	16.9	11.3	16.5
11	17.2	23.1	14.3	21.5	13.2	20.0	11.3	15.4	10.3	15.0
12	15.8	21.2	13.1	19.7	12.1	18.3	10.4	14.1	9.4	13.8
13	14.6	19.6	12.1	18.2	11.1	16.9	9.6	13.0	8.7	12.7
14	13.5	18.2	11.2	16.9	10.4	15.7	8.9	12.1	8.1	11.8
15	12.6	17.0	10.5	15.8	9.7	14.7	8.3	11.3	7.5	11.0
16	11.8	15.9	9.8	14.8	9.1	13.7	7.8	10.6	7.1	10.3
17	11.2	15.0	9.2	13.9	8.5	12.9	7.3	9.9	6.6	9.7
18	10.5	14.1	8.7	13.2	8.1	12.2	6.9	9.4	6.3	9.2
19	10.0	13.4	8.3	12.5	7.6	11.6	6.5	8.9	5.9	8.7
20	9.5	12.7	7.8	11.8	7.2	11.0	6.2	8.5	5.7	8.3
21	9.0	12.1	7.5	11.3	6.9	10.5	5.9	8.1	5.4	7.9
22	8.6	11.6	7.1	10.8	6.6	10.0	5.6	7.7	5.1	7.5
23	8.2	11.1	6.8	10.3	6.3	9.6	5.4	7.4	4.9	7.2
24	7.9	10.6	6.5	9.9	6.0	9.2	5.2	7.0	4.7	6.9

安全率は配管径（D）最大、肉厚（t）最小の場合です

配管の製造公差
外径：D≧30mm ±1%
　　　D＜30mm ±0.3mm
厚み：t≧2mm ±10%
　　　t＜2mm ±0.2mm

$$安全率 = \frac{2 \cdot \sigma_a \cdot t_a}{(D_o - 0.8 t_a)} / P$$

σ_a：SUS304TP許容引張応力　520N/mm²
D_a：管外径mm
t_a：管肉厚mm
P：使用圧MPa

ゲート用開閉装置（油圧式）設計要領（案）H12年6月発行版　P67　2-6-3 安全率、同版 P246　配管（SUS304TP）の耐圧力を求めた際の安全率の値は5（以上）とある

■ 安全率 8.7以上
■ 安全率 5以下

配管設計要領

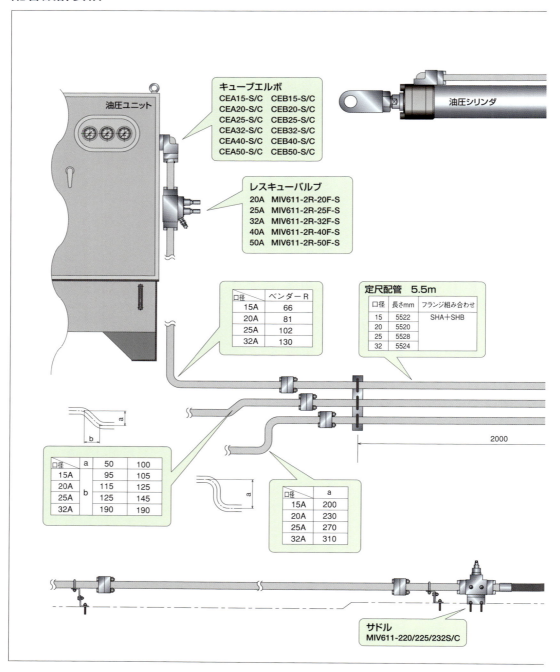

付録（資料）

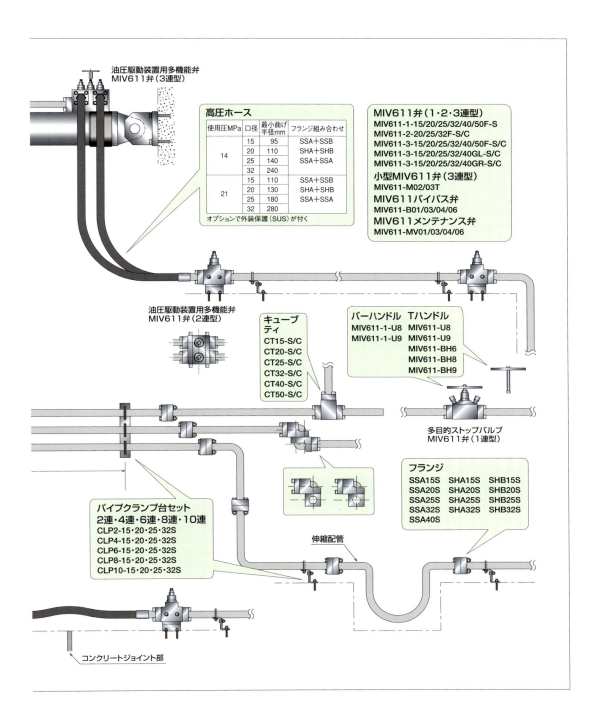

103

油圧配管（構造・強度）

従来技術

差し込み溶接配管では、フラッシングが必要なため、フラッシング機材の調達・運搬・養生が必要

- 油圧配管において、管継手部類の差し込み溶接内は、外面からの溶接のみとなっているため、配管内の溶接部全てにエア・異物溜まりができており、焼カスや酸の溜まり場となっている
  ⇒結果、機器・シリンダのトラブル発生要因になる
- このため油圧配管内のエア抜き・焼カス・異物、酸の残りの除去にフラッシング作業が必要で、ハンマリングをすればするほど、焼カスや酸の残りが出てくるので、完全に除去できない
- 酸液の混った作動油は産業廃棄物処理が必要

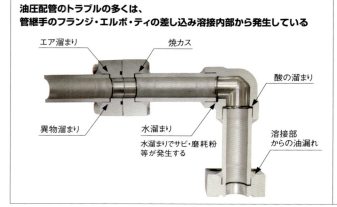

油圧配管のトラブルの多くは、管継手のフランジ・エルボ・ティの差し込み溶接内部から発生している

- 残ったエアの断熱圧縮（14MPa時、1000℃）で温度が上昇し、作動油・パッキンが劣化する
- ハンマリングによるフラッシングをしても、エア・異物・水・焼カス・酸の残りは完全に除去できない
- 摩耗粉は水とともに配管内に錆を発生させ、断熱圧縮で作動油の酸化劣化を促進する

シリンダのキズ・機器の故障発生
定期的な作動油の交換必要
維持管理増大

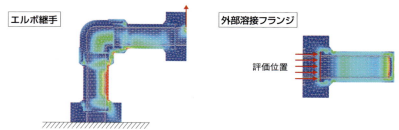

エルボ継手　　外部溶接フランジ　　評価位置

キューブ継手とエルボ継手の強度比較

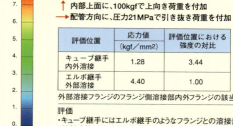

荷重条件
↑ 内部上面に、100kgfで上向き荷重を付加
→ 配管方向に、圧力21MPaで引き抜き荷重を付加

評価位置	応力値 (kgf／mm²)	評価位置における 強度の対比
キューブ継手 内外溶接	1.28	3.44
エルボ継手 外部溶接	4.40	1.00

外部溶接フランジのフランジ側溶接部内外フランジの該当箇所

評価位置
エルボ継手の外部溶接フランジのフランジ側溶接部と、キューブ継手の内外溶接フランジ部を比較する

評価
- キューブ継手にはエルボ継手のようなフランジとの溶接部や肉厚の薄い配管部がないため、応力集中する部位がなく強度が高い
- 外部溶接フランジは、作動油がフランジと配管の隙間にも充填されるため配管端部にも圧力がかかり、結果として内外溶接では内径面積に、外部溶接では外径面積に引き抜き荷重がかかる

注）荷重付加部分について
　　荷重付加部には応力が生じるが、解析モデル作成上の影響で応力が出ているだけで評価しない

付録（資料）

新技術　循環で作動油のリフレッシュと長寿命化

隙間なし配管で、エア・異物・水溜まりなし
- 一体型継手（キューブ継手）は、なめらかな流路で隙間がなく、エア・異物・水溜まりもない ⇒ フラッシング不要
- フランジの溶接部は内面溶接で異物溜まりがなく、内・外面溶接していることで ⇒ 強度アップ
- フラッシング不要で、工期短縮・低価格
- 循環で作動油のリフレッシュにより、作動油交換不要・機器故障なし

突き合わせ／差し込み溶接強度について

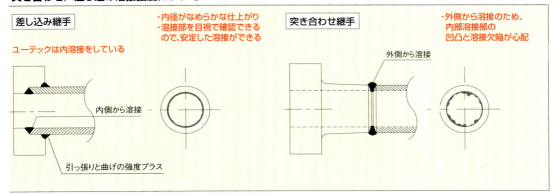

105

MIV 611 弁　3 連型（操作法）

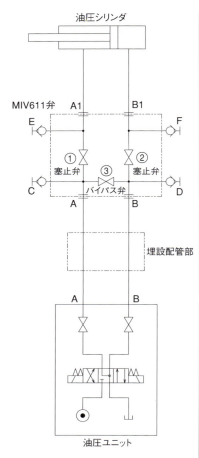

常用操作時

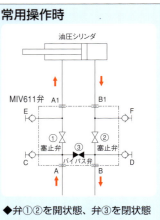

◆弁①②を開状態、弁③を閉状態とする
◆油圧ユニットから油圧シリンダの回路が繋がり、ゲートの操作が可能な状態となる

循環操作時

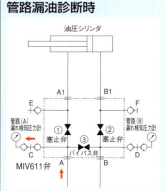

◆弁①②を閉状態とし、弁③を開く
◆油圧ユニットからMIV611弁間の回路が短絡し、この間の循環が行える

管路漏油診断時

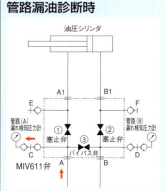

◆弁①②③を閉状態とし、入口(A)を加圧する
◆油圧ユニット出口のストップ弁を閉じ、圧力計による封入圧力の降下時間の長短で漏油の判定を行う
◆逆回路についても同様に(B)側での操作が確認できる

油圧シリンダ漏油診断時

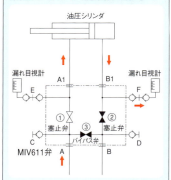

◆シリンダ引き込み端にて弁②③を閉状態とし、弁①を開き、入口(A)から加圧する
◆弁を開くと、(F)に取り付けた「漏れ目視計」の表示状況から、シリンダパッキンの良否の診断ができる
◆シリンダ出端にて弁①③を閉状態とし、弁②を開き、入口(B)から加圧、弁を開くことにより、逆作動によるシリンダパッキンの良否の診断ができる

付録（資料）

常用操作時

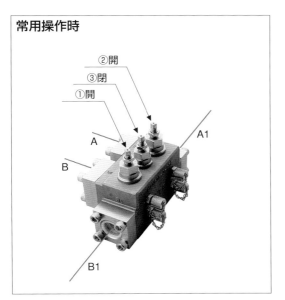

循環操作時

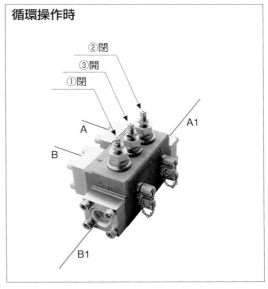

管路漏油診断時

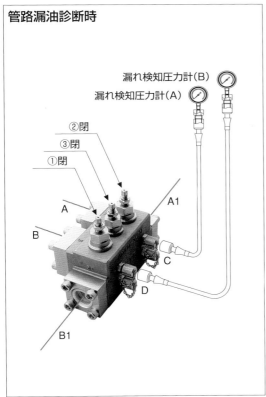

油圧シリンダ漏油診断時

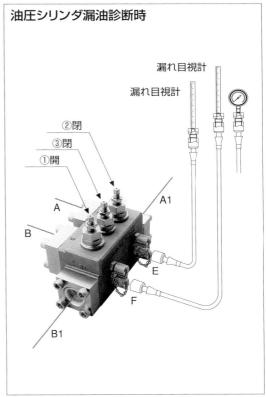

107

試運転調整

従来技術

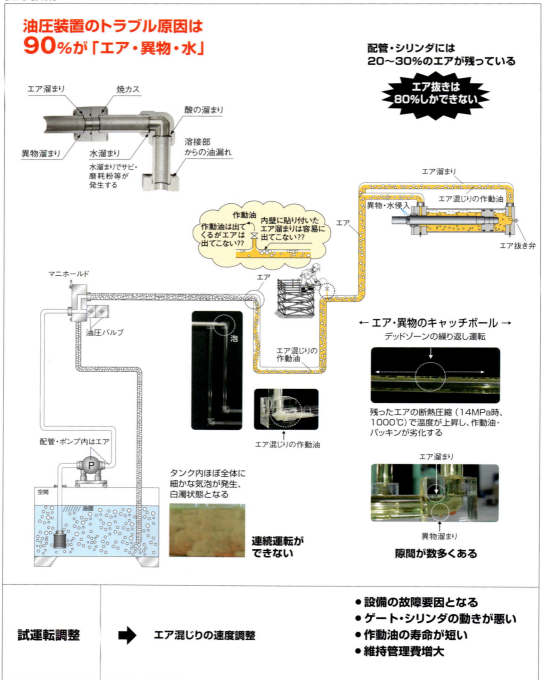

付録（資料）

新技術

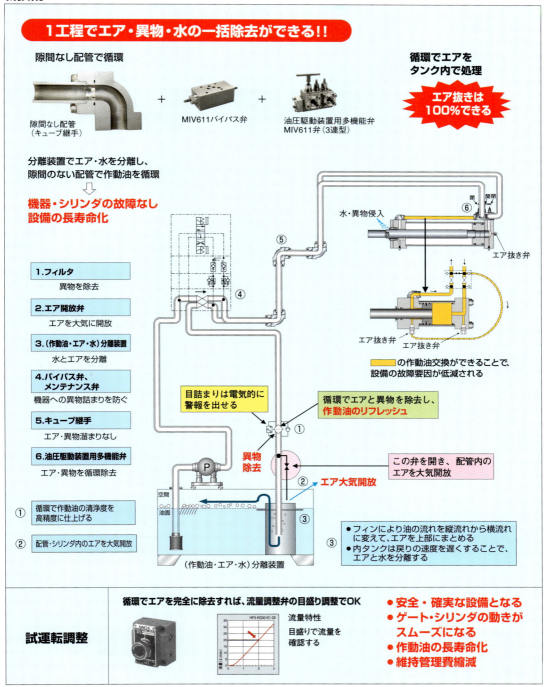

配管・シリンダの作動油交換

従来技術

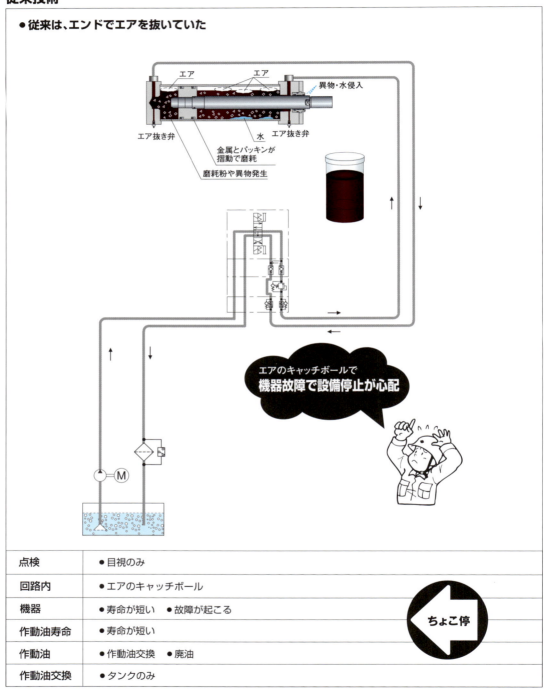

点検	●目視のみ
回路内	●エアのキャッチボール
機器	●寿命が短い　●故障が起こる
作動油寿命	●寿命が短い
作動油	●作動油交換　●廃油
作動油交換	●タンクのみ

付録（資料）

新技術

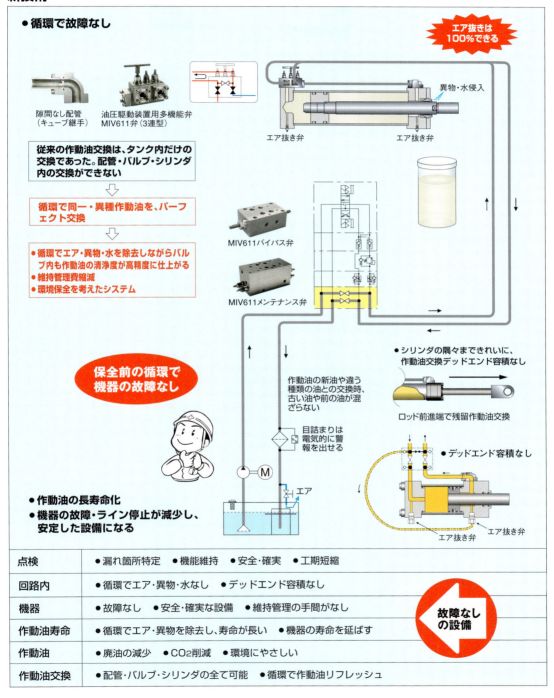

MI611システムによるエア・異物・水の循環除去と管理

電子の目が、最前線の現場での状況を中央操作室で管理
自動循環により保全メンテナンスフリーで性能性・生産性向上

中央操作室

以前は、現場の情報が事前に入ってこなかった

異物など、最前線の情報を的確にキャッチし、迅速に対処できる

性状、水分量、作動油の清浄度が一括で情報が把握できる

安心・安全な設備の維持ができる

メンテナンス情報を的確に発信して、高精度な維持管理ができる

NAS等級検知器はタンクへ取り付け

コンタミネーションセンサー
CS 1000

作動油の清浄度を監視
・NAS等級表示
・ISO清浄度コード表示
・SAE清浄度表示

レスキューバルブ
既設ユニットトと縁切りして緊急操作ができる

戻り油
エア　初期エアは大気開放
気泡は分離・除去
水除去

（作動油・エア・水）分離装置

タンク内の気泡は油面の上層部に溜まった

水と気泡の分離

気泡は上昇
水滴は沈降
水除去

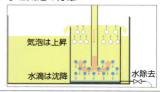

112

付録（資料）

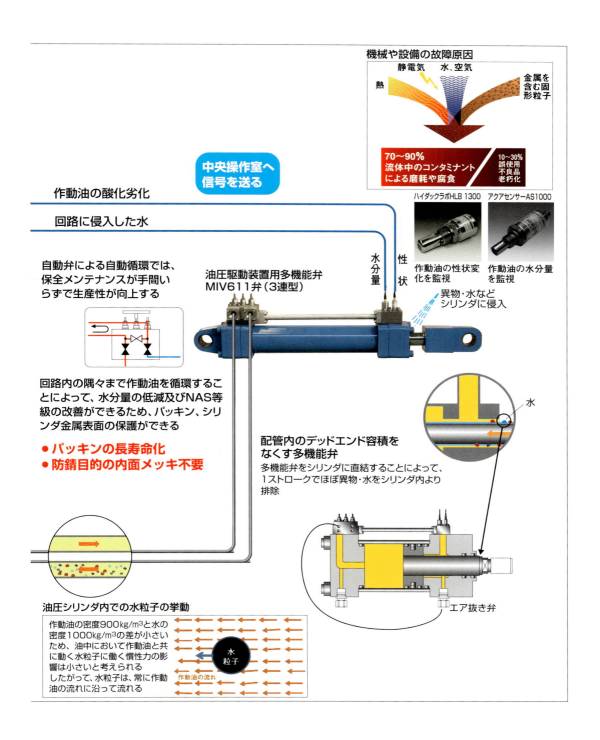

ゲート操作精度（油圧シリンダ同調）

更新困難なシリンダへの対応

水中での点検・修理

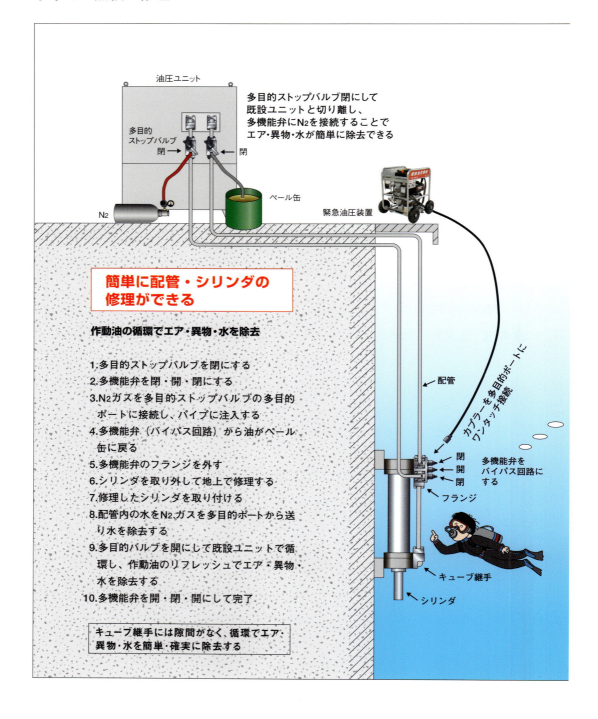

付録（資料）

水中を想定した設備

- ダム・河川等、水中での点検・修理が油漏れなく簡単にできる
- 配管が破損しても緊急油圧装置を多機能弁に接続するだけで、緊急駆動ができる

多目的ストップバルブ
MIV611弁（1連型）

油圧駆動装置用多機能弁
MIV611弁（3連型）

レスキューバルブ

隙間なし配管
（キューブ継手）

> MIV弁が付いているので
> **水中での点検・修理は地上で簡単にできる**

> MIV弁がないと
> **油漏れ養生が大変**

潜水士による配管取り付け工事

N₂ガスによって、配管内の水を排出する様子

117

水中での配管施工

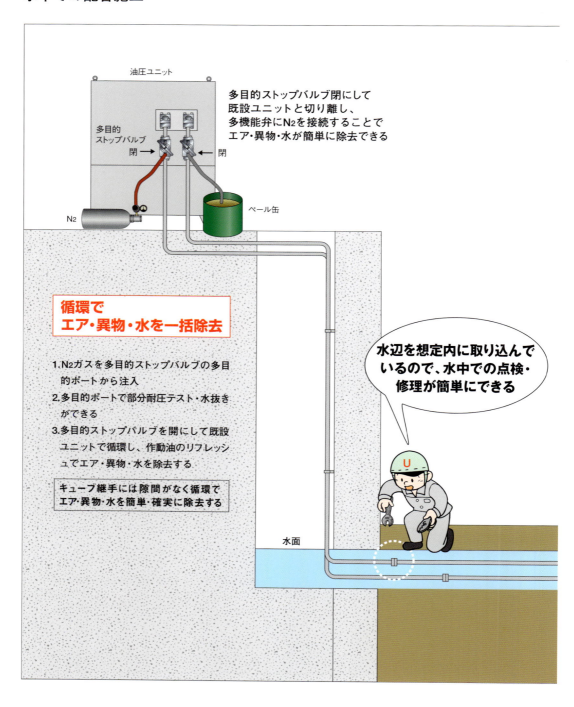

付録（資料）

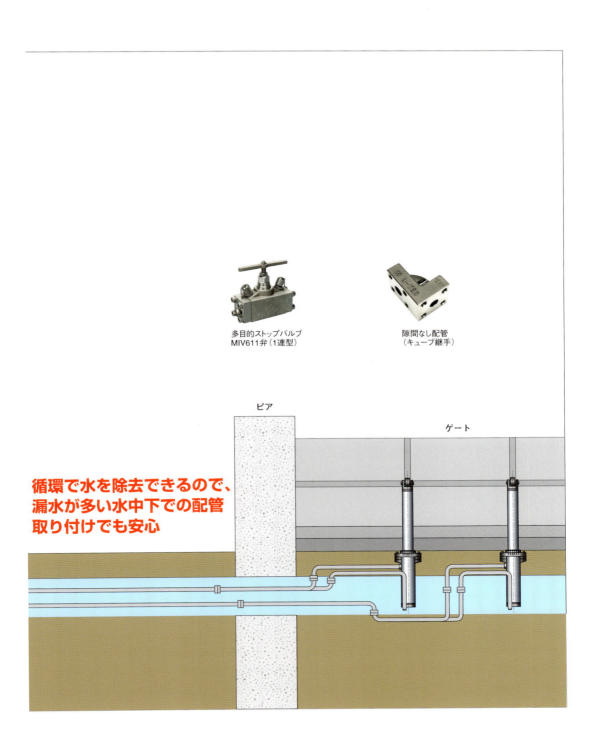

ダム・堰関連設備における課題と対応

試運転調整

NO.	課　題	内　容	原　因
1.	新設・更新・メンテナンス時の試運転調整に苦労、困難を極めている	運転初期のエア抜きがうまくできず、流量調整弁の目盛合わせに試行錯誤している 運転初期のフラッシングが困難で、なかなか清浄度が適正値にならない フラッシングは現地で行うが、油圧ユニット側、及びアクチュエータ側でそれぞれ一旦取り外し、配管内部をフラッシング後、元に戻す作業やフラッシング装置が大型で取り廻し等に困難を極めている	運転の初期は管路全てが空洞で、この空洞分のエアが作動油に混入、エア抜き作業するも、管路起伏部の高所や継手の隙間に残存する空気はなかなか抜けない 管路の継手部隙間に残存する異物・溶接スケールは、ハンマリングや流速を上げてのフラッシングを行うが、なかなか全てが除去できない また、フラッシングは流速を5〜10m/secで行うため、専用のフラッシングポンプが必要で、その動力は15〜60kw（例：配管長さ100m・エルボ数10個）と大型となる

付録（資料）

対　　　策	関　連　技　術
油圧配管は油圧ユニット～シリンダ間の作動油が循環できるシステムにする 循環させることでシリンダ及び配管内のエア及び残留異物を除去できる 油圧配管の溶接継手は内面も溶接し、内部に異物溜まりとなる隙間のない構造のものにする エルボ・ティ・カップリング・継手も差し込み溶接を伴わない継手とすることで、異物溜まりとなる内部隙間をなくし、配管設置施工後のフラッシングを不要とする	油圧駆動装置用多機能弁 NETIS：KK-100042-A 油圧装置の空気及び 異物循環除去システム NETIS：KK-110065-A キューブ継手 NETIS：KK-130013-A

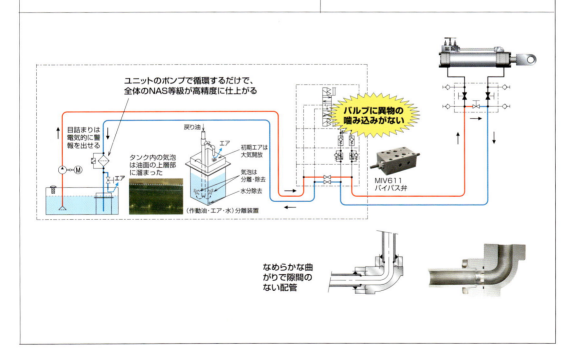

121

シリンダのズリ落ち

NO.	課　題	内　容	原　因
2.	油圧シリンダのズリ落ち発生と対処の困難さが懸念される	作動油中の異物等によりシリンダチューブ内面、ロッド表面、パッキン等が損傷し、キズが入るなどして、ズリ落ちが発生することが考えられるため、そうなった場合は油圧シリンダを取り外し、工場へ持ち返り修理となるが、大型のものはその重量や作業性などを考えると、対処が非常に困難になる	油圧配管の溶接継手（エルボ・ティ・カップリング）の内部養正が十分でない、また差し込み溶接の差し込み端に生じた隙間等、異物溜まりとなる部位の残存異物や溶接スパッタ等が運転中の脈動や配管衝撃により、油中に混入、油圧シリンダチューブ内面、ロッド表面、パッキン等が損傷し、キズが入るなどして、内部リークが発生し、油圧シリンダのズリ落ちを起こす

旧配管
エア・異物溜まりがあり、シリンダの故障原因

エア溜まり　焼カス　酸の溜まり

異物溜まり　水溜まり（水溜まりでサビ・磨耗粉等が発生する）　溶接部からの油漏れ

付録（資料）

対　　策	関 連 技 術
油圧ユニット～シリンダ間の作動油が循環できるシステムにし、循環させることでシリンダ及び配管内のエア及び残留異物を除去する 溶接配管の継手は内面も溶接して内部に異物溜まりとなる隙間のない構造のものにし、エルボ・ティ・カップリング・継手も差し込み溶接を伴わない継手とすることで、異物溜まりとなる内部隙間をなくし、配管設置施工後のフラッシングを不要とする 油圧シリンダのキャップ側、ヘッド側の直近部にラインフィルタを設けてシリンダの自衛を図り、トラブル対処の困難性を考慮してトラブル発生の未然防止を図る	油圧駆動装置用多機能弁 NETIS：KK-100042-A 油圧装置の空気及び 異物循環除去システム NETIS：KK-110065-A キューブ継手 NETIS：KK-130013-A

123

リーク箇所の設定

NO.	課　題	内　容	原　因
3.	ズリ落ちに関係するリークの箇所が分からない	シリンダのズリ落ちに対してはリークが起因しているが、比較的簡単に行える。パイロットチェック弁の交換による試行錯誤をしていることが多く、事例の中には真の原因がシリンダであって、その対応遅れでシリンダに大きなキズを発生させた例もある	シリンダ部、配管部、油圧機器部のいずれかでリークを発生しているが、漏れ箇所の特定ができない

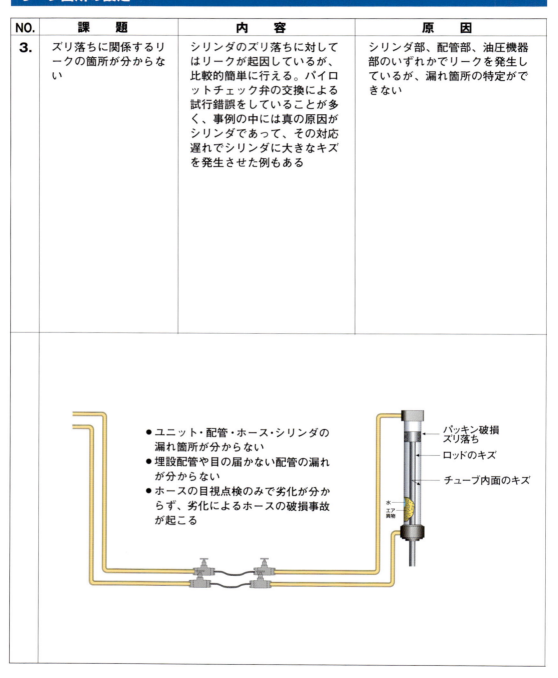

- ユニット・配管・ホース・シリンダの漏れ箇所が分からない
- 埋設配管や目の届かない配管の漏れが分からない
- ホースの目視点検のみで劣化が分からず、劣化によるホースの破損事故が起こる

付録（資料）

対　　策	関　連　技　術
シリンダ側、配管側、油圧機器側を区分けするストップ弁を設け、ストップ弁の入口・出口に点検ポートを設けておき、それにより漏れ箇所の特定と漏れ量の測定ができるようにする 	油圧駆動装置用多機能弁 NETIS：KK-100042-A 多目的ストップバルブ NETIS：KK-120013-A

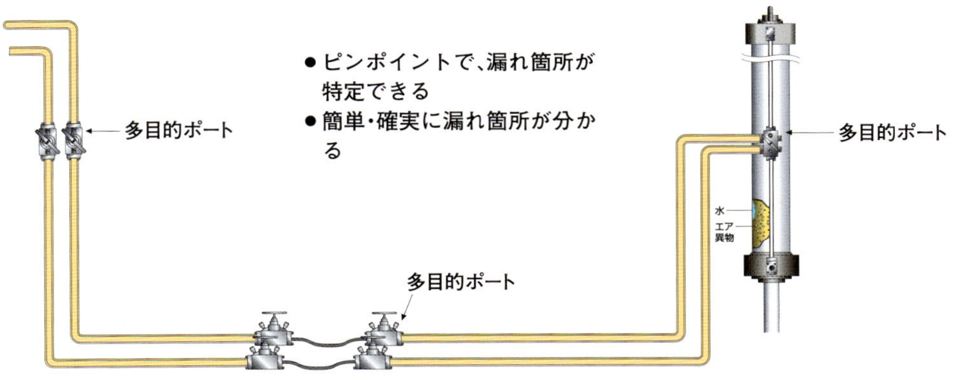

多目的ポート

- ピンポイントで、漏れ箇所が特定できる
- 簡単・確実に漏れ箇所が分かる

多目的ポート

多目的ポート

多目的ポート

水
エア
異物

ホース交換時の油漏れ・エア抜き・耐圧テスト

NO.	課　題	内　容	原　因
4.	ゴムホースは定期的な点検と交換を行っているが、事故事例もあり、より良い点検方法の模索が必要	ゴムホースの点検は ・取り付け状況（最少曲げの確認、ねじれや引っ張りのないこと、他の物体と接触のないこと） ・環境（直射日光を避けること） ・ホース外面状況（キズ、膨れのないこと） などについて定期の点検を行い、また定期に交換しているが、使用中に破損した事例がある	ゴムホース交換に際し、取り外しの前に、ホース内の作動油を抜く手段が取れない ゴムホースの点検は外観の目視であり、目の届く部分の表面の大きなキズは分かるが、ホースの裏側や隠れた部分など、目の届かない部分はチェックしきれておらず、ホースの内部については確認の手段がなく、ホースの劣化や破損の予測は難しい

点検接続ポートなし

・ストップ弁に点検接続ポートは付いていない
・ホース交換時には、事前の油抜きはできず、フランジを外す際に油の流出がある
・ホース交換時の取り付け後はホース内部の空洞部のエアが管路に流入するため、あらためてのエア抜き作業が大変
・ホース取り付け後の耐圧テストができない

付録（資料）

対　　策	関　連　技　術
ゴムホースの点検には従来の外観目視点検に加え、ホースを取り外すことなく、耐圧テストが行えるようにしておく 耐圧テストはゴムホースの両端に油圧を供給できるポートとストップ弁をあらかじめ取り付けておき、耐圧テスト時に手動ポンプにより行い、破損した場合にも流出油を最小限に抑えられるものとする。耐圧テストは使用圧力の1.5倍の圧力を負荷し、破損しないことの確認を行う  多目的ポート	油圧駆動装置用多機能弁 NETIS：KK-100042-A 多目的ストップバルブ NETIS：KK-120013-A

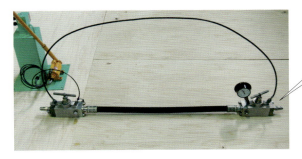

多目的ポートでホースの油漏れチェック、耐圧テスト、エア抜きができる

127

緊急時の対応

NO.	課　題	内　容	原　因
5.	災害等での電源喪失、制御盤・油圧ユニット・配管等の損傷があった場合に速やかなゲート操作ができないことが懸念される	停電など電源喪失に備えて自家発電機を用意している設備もあるが、災害時では制御盤・油圧ユニットの損傷や故障も考えられるため、制御盤・油圧ユニットはメーカーの専門家などによる内部点検後の運転操作となり、急な対応が困難である	制御盤は損傷や故障時には使用できるものかどうか容易に判別できない。また油圧ユニットは、ポンプ・電動機・切換弁などが二重化による備えがあり、停電対応として手動ポンプ・エンジン等が具備されている物もあるが、油圧ユニット内部の機器は複雑で、油圧機器と外形図及び物のどれがどれであるかを判別し、どれを操作するかとっさには把握しにくく、すぐに誰にでも操作できるものではない

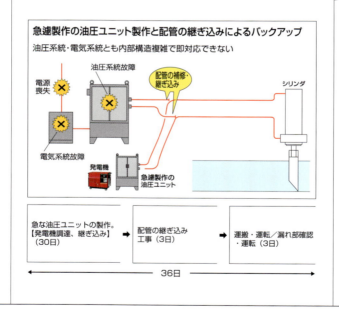

付録（資料）

対　策	関　連　技　術
油圧ユニットの出口外側に故障した油圧ユニットと縁切り状態で外部油圧源を接続できるようにしておき、緊急時には別に用意しておく、電気を必要としない油圧源をそれに接続し、見た目にも分かりやすい構成として緊急操作に備えるものとする 	多目的ストップバルブ NETIS：KK-120013-A レスキュー油圧ユニット NETIS：KK-120036-A 緊急油圧装置 NETIS：KK-140032-A レスキューバルブ NETIS：KK-160003-A

129

ワイヤロープウインチ式ゲートの緊急駆動

NO.	課　題	内　容	原　因
6.	ワイヤロープウインチ式ゲートにおいては、電源喪失、制御盤・電動機など機器の損傷があった場合に速やかなゲート操作ができないことが懸念される	停電など電源喪失に備えて自家発電を用意している設備もあるが、災害時では制御盤・電動機など機器の損傷や故障も考えられるため、制御盤・電動機など機器はメーカーの専門家などによる内部点検後の運転操作となり、迅速な対応が困難である	電動機は予備電動機の備え、また停電対応として発電機が具備されている物もあるが、制御盤は損傷や故障時には使用できるものかどうか容易に判別できず、すぐに誰にでも操作できるものではない

付録（資料）

対　策

油圧ユニットの出口外側に故障した油圧ユニットと縁切り状態で外部油圧源を接続できるようにしておき、緊急時には別に用意しておく。電気を必要としない油圧源をそれに接続し、見た目にも分かりやすい構成として緊急操作に備えるものとする。予備用電動機に代え、もしくは加えるものとして油圧モータを取り付けておき、緊急時には油圧を利用、油圧モータを駆動し緊急操作を行う。利用する油圧としては緊急油圧装置などがある

関連技術

緊急油圧装置
NETIS：KK-140032-A

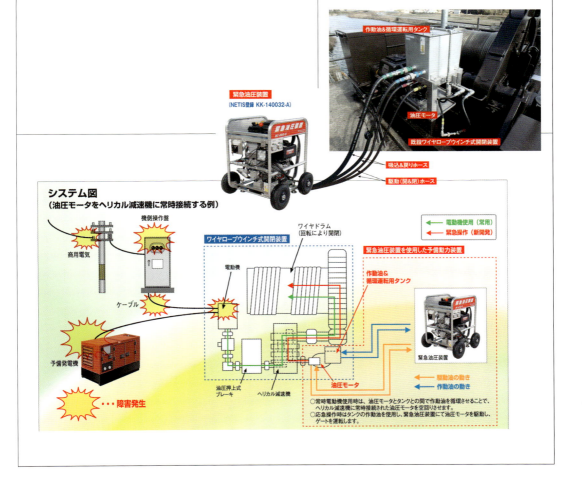

131

単動ラムシリンダの循環

NO.	課題	内容	原因
7.	単動ラムシリンダによる設備では、交油・エア抜きに苦労、困難を極めている。また作動油の劣化からくる設備の故障もしばしば発生している	河川の転倒ゲート等配管が川底や水中にある場合、交油・エア抜きは油の流出懸念があり、事実上できない状態で、事前に配管廻りの水を排除、更には気象条件に合わせての作業が必要だが、メンテナンス不足から作動油の劣化が促進し、油圧ポンプ用ストレーナ・機器の目詰まり等設備の故障を招いている	単動ラムシリンダの油圧配管は通常1本1系統で行われており、川底や水中での油の流出をさせずに交油やエア抜きをすることができない そのため、作動油中のエア・異物を十分除去できず、更にシリンダ部より水分の混入もあり作動油を劣化促進させている

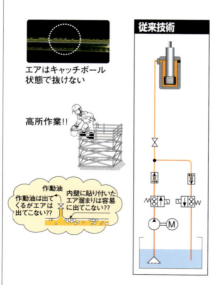

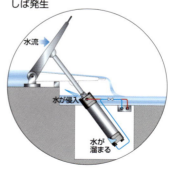

・配管廻りの水問題で気象条件に合わせた設置や交油の作業が必要
・配管内の作動油は交油もできる
・作動油の劣化に伴い設備の故障もしばしば発生

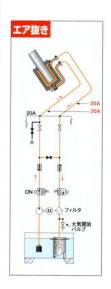

付録（資料）

対　　　策	関　連　技　術
単動ラムシリンダへの油圧配管を2本2系統とし、シリンダ部で作動油が折り返し循環できるシステムにする 配管の取り外し等の作業を伴わず、循環させることで、油を流出させることなく、シリンダ及び配管内のエア・水を排除する。また、この循環で作動油のリフレッシュと長寿命化を促進させる	油圧装置の空気及び異物循環除去システム NETIS：KK-110065-A 単動ラムシリンダ油圧配管の2系統化 NETIS：KK-110064-A 多目的ストップバルブ NETIS：KK-120013-A キューブ継手 NETIS：KK-130013-A

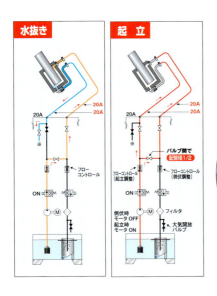

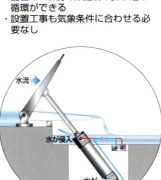

・配管は2系統で作動油の折り返し循環ができる
・設置工事も気象条件に合わせる必要なし

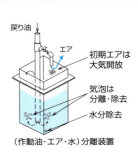

133

エア抜きを自動化した油圧シリンダ

NO.	課　題	内　容	原　因
8.	上下方向に配置された油圧シリンダの下方となる油圧室（ヘッド側ORキャップ側）の残圧エアが抜けない	油圧シリンダ内のエアは、伸び縮みの一方向に動かし、その方向と反対側の油圧シリンダ端部の空気抜き弁を緩め、エアを抜くという作業を油圧シリンダの伸び縮みについて交互に繰り返し行うが、どうしても抜けない。そのため、残留エアの断熱圧縮によるパッキン・作動油の劣化の促進や、作動のノッキングや同調不良等の原因となっている	駆動体（扉体等）ストロークに対する油圧シリンダのストローク余裕及びピストン端面からピストンパッキンまでの残留エアは抜け道がなく、どうしても抜けない

キャップ側

ヘッド側

パッキン

残留エア

ウエスで
飛散防止

エア抜き

動かす方向（伸び方向）と反対側
（ヘッド側）の油圧シリンダの端部
のエア抜き弁を操作しエアを抜く

伸び方向ストローク余裕
（20〜50mm）

フルストローク端になっている

縮み

伸び

駆動体（扉体等）との連結
を外し伸び方向へ油圧シ
リンダがフルストローク
でき、エアが抜ける状態
とする

エア抜き弁がある油圧シリンダ

油圧シリンダと駆動体（扉体等）の連結を一旦外し、油圧シリンダがフルストロークでき、エアが抜ける状態とした後、油圧シリンダを伸び方向に動かし、その方向と反対側（ヘッド側）の油圧シリンダの端部の空気抜き弁を緩めるという作業を油圧シリンダの伸び縮みについて交互に繰り返すことにより行う

付録（資料）

対　策	関連技術
油圧シリンダはストローク端でヘッド側とキャップ側の油圧室がピストン上・下面間をバイパス導通する機構を設けておき、エア抜きの際には通常ストロークより更にストローク端まで操作し、エアを抜くことができるようにしておく	**エア抜きを自動化した油圧シリンダ** **NETIS：KK-170029-A**

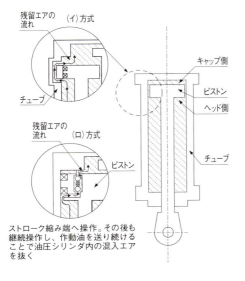

エア抜きを自動化した油圧シリンダ

油圧シリンダのストローク縮み端でピストンのキャップ側・ヘッド側の各室を導通させる機構を設けておき、エア抜きの際には油圧シリンダのストローク縮み端まで操作。その後も継続操作し、作動油を送り続け油圧シリンダ内の残留エアを抜くものである。導通穴の機構としては、チューブ内壁に設けた導通穴をピストンのパッキンを通過する方式（左図（イ））とピストン内部に設けた導通穴をピストンのストローク端で機械的に自動で開く方式（左図（ロ））の2種類がある。（イ）方式は小穴をパッキンが通過する際、パッキンへのダメージ発生の都合上穴径に制限があるが（ロ）方式はその制限がなく、エア抜きの速度がより早いものとなる
コスト面では（イ）方式の方が（ロ）方式より安価なため小径シリンダにおいては（イ）方式を、大径シリンダにおいては（ロ）方式を適用する。従来技術に対する比較の対象としては（ロ）方式で行うものとする

135

油タンクの参考寸法

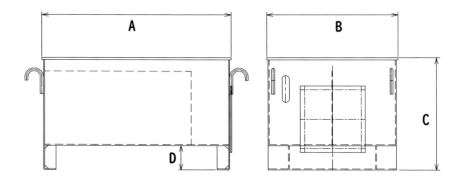

タンク容量 (L)	A (mm)	B (mm)	C (mm)	D (mm)	表面積 (㎡)	重量 (kg)
50	550	420	430	100	1.4	41.3
63	600	450	440	100	1.5	47.0
80	650	500	450	100	1.8	54.8
100	750	500	470	100	2.0	77.1
125	790	550	490	100	2.2	88.2
160	790	600	550	100	2.6	100.2
200	900	600	600	100	2.9	115.5
250	1000	700	600	120	3.5	140.6
315	1150	750	600	120	4.1	165.5
400	1300	850	600	120	4.8	274.8
500	1450	900	650	150	5.7	323.3
630	1500	1000	690	150	6.5	371.4
800	1520	1150	730	150	7.6	431.1
1000	1800	1200	730	150	9.0	557.4
1500	2150	1500	730	150	12.2	773.8
2000	2350	1800	730	150	15.0	974.4

付録（資料）

NETIS 登録情報

NETIS 登録一覧表

引用元

この章の内容は、国土交通省の新技術情報提供システムより引用しました。

URL：http://www.netis.mlit.go.jp/NetisRev/NewIndex.asp

	技術名称（登録番号）
掲載期間経過のため、表示されない	**油圧駆動装置用多機能弁 (KK-100042-A)** 本技術は、水門油圧開閉装置において油圧シリンダの付近に不可欠な配管や弁を 1 つにまとめた機能をもつ「油圧駆動装置用多機能弁」です。 従来は複雑な配管と弁で施工していたが本技術の適用により油圧システムのコンパクト化、低コスト及びメンテナンスの簡素化が図れる。
	油圧装置の空気及び異物循環除去システム (KK-110065-A) 本技術は、油圧装置の作動油を循環することにより、空気及び異物を同時且つ簡単に除去するシステムである。異物除去（フラッシング）作業や空気抜き作業が容易になり工程短縮と経済性が向上する。
	単動ラムシリンダ油圧配管の 2 系統化 (KK-110064-A) 本技術は油圧ユニット・シリンダ間を 2 本の配管で接続する事で、空気及び異物の循環除去を可能とし、事故や災害時等で 1 系統の配管が破損しても設備の完全機能停止を免れるものとする。
1	**多目的ストップバルブ (KK-120013-A)** 本技術は、ストップバルブ本体に多目的ポートとサポート用取付ネジを設けた構造で、従来はそれが無いものであった。本技術の活用により油圧配管の施工性や油圧システムのメンテナンス性の向上が期待できる。
2	**レスキュー油圧ユニット (MI611-119-RESCUE)(KK-120036-A)** 本技術は壊滅的な災害で、動力源の喪失や油圧配管の破損が発生した場合を想定、事前にレスキュー油圧ユニットを常備しておく技術である。従来は急遽油圧ユニットを製作、配管の補修を行い対処してしていた。本技術の活用により、急な災害にも即対応できるものである。
3	**キューブ継手 (KK-130013-A)** 本技術はエルボ・ティを継手部の溶接を無くすためフランジ取合いとし、フランジ部は内・外溶接としたものである。従来は継手部が差し込み溶接によるもので差し込み端部に内部隙間が発生する問題があった。本技術の活用により内部隙間懸念箇所が低減できる技術である。
4	**緊急油圧装置 (KK-140032-A)** 本技術は油圧設備の操作困難事態に備え、予め常備しておく装置で事態時に緊急的に操作を行うものである。従来は急遽製作の油圧ユニットと配管の補修・継なぎ込みによるもので緊急的に操作は出来なかった。本技術の活用により緊急操作を可能とする事が期待できる。
5	**レスキューバルブ (KK-160003-A)** 本技術は予め油圧ユニットの配管出口にレスキューバルブを取付ておき緊急時に即の操作を可能とする。従来は現場で支え具により負荷を支えた後配管の途中を分断、外部油源を接続するもので即の操作はできなかった。本技術の活用により緊急時の即応性向上が期待できる。
6	**エア抜きを自動化した油圧シリンダ (KK-170029-A)** 本技術は油圧シリンダのストローク端で作動油を送り続ける事でエア抜きを可能とする。従来はエア抜き弁を操作し、エア抜きを行っていたため、作動油の油漏れや飛散の恐れがあった。本技術の活用により、経済性・品質・安全性・施工性・周辺環境の向上と工程短縮および省力化が期待できる。

油圧駆動装置用多機能弁

技術名称	油圧駆動装置用多機能弁	登録 No.	KK-100042-A

概要

①何について何をする技術なのか？
・ゲート用開閉装置（油圧式）工法
・油圧配管と弁類を一体化構造とした開閉装置
・簡単な弁操作で油漏れ箇所等が発見しやすくした油圧配管

②従来はどのような技術で対応していたのか？
・油圧開閉装置
　油圧配管や油圧ホース等を利用し3つの弁を配置し固定金具等を使用していた。

③公共工事のどこに適用できるのか？
・ダム用水門設備
・河川用水門設備
　ゲートの規模を問わず適用可能

25F型（フランジ型）

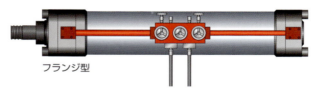

フランジ型

油圧駆動装置用多機能弁（MIV611弁）

技術のアピールポイント（課題解決への有効性）

油圧配管等油漏れ箇所を特定できる有効な技術である。

新規性及び期待される効果

①どこに新規性があるのか？（従来技術と比較して何を改善したのか？）
・必要な3つの弁を1つのユニットにした。
・フラッシング作業を極めて簡単にした。
・油漏れ箇所を特定可能とした。

②期待される効果は？（新技術活用のメリットは？）
・修繕工事の工期短縮、低コストで施工可能となる。
・油漏れ箇所の特定ができ、修繕が可能となる。

③その他
・システム化されていることからコンパクトである。
・工場で製作組立て納品することにより、現場作業においてゴミ等不純物の混入を防ぐことができる。
・油漏れ箇所の特定が可能となる。
・工事現場において配管作業が軽減され、工期短縮が図れる。

多機能弁と従来弁配置との比較

項目	多機能弁	従来方式
配管の漏れ等	チェック可能	チェック不可能
配管	配管スペース小	配管スペース大
弁	一体化	3個の弁
配管継手	継手箇所 少	継手箇所 多

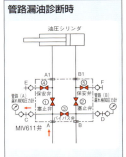

管路漏油診断時

◆弁①②③④⑤を閉状態とし、入口(A)を加圧します。
◆油圧ユニット出口のストップ弁を閉じ、圧力計による封入圧力の降下時間の長短で漏油の判定を行います。
◆逆回路についても同様に(B)側での操作が確認できます。

油圧シリンダ漏油診断時

◆シリンダ引込端にて弁②③を閉状態とし、弁①を開き、入口(A)から加圧します。
◆弁⑤を開くと、(F)に取付けた「漏れ目視計」の表示状況から、シリンダパッキンの良否の診断ができます。
◆シリンダ出端にて弁①③を開状態とし、弁②を開き、入口(B)から加圧、弁④を開くことにより、逆作動によるシリンダパッキンの良否の診断ができます。

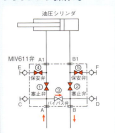

フラッシング操作時

◆弁①②④⑤を閉状態とし、弁③を開きます。
◆油圧ユニット～MIV611弁間の回路が短絡し、この間のフラッシングが行えます。

適用条件

①自然条件
・天候・・・屋外仕様
・気候・・・屋外仕様

②現場条件
・ダム・河川用水門・・・特に制限はなし
・大型・中型・小型・・・特に制限はなし
設置スペースが限られた場合や、狭所においても適している。

③技術提供可能地域
　日本全国技術提供可能

④関係法令等
　特になし

適用範囲

①適用可能な範囲
新設工事・修繕（更新）工事ともに適用可能
全ての油圧式開閉装置に適用可能

②特に効果の高い適用範囲
・新技術はコンパクトな構造かつ配管等が削減されるため、油圧シリンダ周辺のスペースが限られた場合や、狭所に適している。
・油漏れ箇所を特定出来る構造のため、油漏れ診断が必要とされる水門設備に適用。

③適用できない範囲
ラムシリンダ（一方向シリンダ）を使用している水門の開閉装置。
一方向にしか作動圧が発生しないシリンダには適用不可能なため。

④適用にあたり、関係する基準およびその引用元
・ダム・堰施設技術基準（案）（ダム・堰施設技術協会 平成11年度）第5章開閉装置の設計
・ダム・堰施設検査要領（案）（ダム・堰施設技術協会 平成22年度） 第3章 開閉装置および機器・部品　第4章 ゲート設備
・ゲート用開閉装置（油圧式） 設計要領（案）（ダム・堰施設技術協会 平成12年度）
・ゲート点検・整備要領（案）（ダム・堰施設技術協会 平成17年度）

留意事項

①設計時
　配管サイズと油圧力によって多機能弁を選定する。

②施工時
　特になし

③維持管理等
　年点検が必要

④その他

付録（資料）

油圧装置の空気及び異物循環除去システム

技術名称	油圧装置の空気及び異物循環除去システム	登録No.	KK-110065-A

概要

①何について何をする技術なのか？
　油圧装置の空気と異物を作動油を循環させることで除去するシステムである。

②従来はどのような技術で対応していたのか？
従来技術は、フラッシングユニットと仮設配管を用いて行い、空気抜き作業は配管復旧して後、配管の高所部で繰返し行うので作業日数を要していた。

③公共工事のどこに適用できるのか？
ダム、河川用水門設備等の油圧装置が必要な工事。

④その他
今回の新提案は、ゲート用油圧システムの配管内作動油が系統内を循環できるシステムで、空気と異物を同時に除去できるものである。
（1）シリンダ部で
油圧駆動用多機能弁（MIV611弁）のバイパス機能でタンクへの循環を可能とし、空気と異物をタンクへ送り込めるようにすることでシリンダの作動を繰り返しながら空気抜きを行う必要をなくした。
（2）制御機器部で
循環作業時に制御機器側に油を通さず、異物がバルブ等に嚙み込まないようにする。
（3）タンク内で
・運転初期の戻り油はタンク内大気部へ解放することで油タンク内への大量空気混入を防止する。
・空気の入った戻り油はタンク内隔離室へ解放し、ポンプが再び空気混入油を吸い込まなくする。
・異物はタンク内のフィルタ介して除去する。

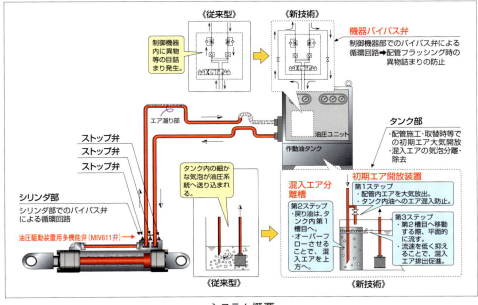

システム概要

技術のアピールポイント（課題解決への有効性）
異物除去（フラッシング）作業や空気抜き作業が1日でできる。

新規性及び期待される効果
①どこに新規性があるのか？（従来技術と比較して何を改善したのか？） ・シリンダ部に油圧駆動装置用多機能弁を取り付けた。 ・制御機器部にバイパス弁を取り付けた。 ・タンク部に初期空気開放装置と混入空気の分離槽を設けた。 ②期待される効果は？（新技術活用のメリットは？） ・シリンダ部に油圧駆動装置用多機能弁を、制御機器部に機器バイパス弁を設けることによって異物を簡単に循環除去することができ、5年毎に行う異物除去（フラッシング）作業が容易になる。

適応条件
①自然条件 特になし ②現場条件 別途のフラッシングユニットが不要で、そのスペースが 0㎡。 配管スペースは0.16×0.08=0.013㎡である。 ③技術提供可能地域 技術提供可能地域については制限なし ④関係法令等 特になし

適応範囲
①適用可能な範囲 ・ダム、河川用水門設備等の油圧装置が必要な工事 ②特に効果の高い適用範囲 ・水門設備など誤作動が許されない信頼性が求められる設備 ③適用できない範囲 特になし ④適用にあたり、関係する基準およびその引用元 特になし

付録（資料）

留意事項
①設計時 シリンダ部に油圧駆動用多機能弁を、制御機器部に機器バイパス弁を、タンク部に初期空気解放装置と混入空気の分離槽をすべて盛り込むことが重要 ②施工時 循環除去作業後は、各ストップ弁の操作を通常状態(元に戻す)こと。 ③維持管理等 適宜、作動油を循環させて空気と異物を除去すること。 定期的に作動油の清浄度（NAS汚染度等級)を測定し確認する。(基準に定められた許容値を越えないこと) ④その他

143

単動ラムシリンダ油圧配管の2系統化

技術名称	単動ラムシリンダ油圧配管の2系統化	登録 No.	KK-110064-A

概要

①何について何をする技術なのか？
・単動ラムシリンダの油圧配管を2系統とする。

②従来はどのような技術で対応していたのか？
単動ラムシリンダの油圧配管は1系統であった。
従来の起伏ゲート等に使用している単動ラムシリンダは、1系統の油圧配管での作動を行っており、作動油が1系統の配管内を往復するだけの構造である。
よって、油圧配管内のフラッシング作業や作動油交換作業時には、仮配管を作成する必要が生じ非常に手間がかかる。

③公共工事のどこに適用できるのか？
水門設備、起伏ゲート等の単動ラムシリンダを使用する設備工事

④その他、補足事項
単動ラムシリンダとは、押力のみ1方向の駆動力を発生させ、相手重量など作用する荷重によって縮めることができるシリンダである。

新技術を利用した場合と従来との比較

	新技術	従来技術
フラッシング、作動油交換	現在配管のまま作業が可能。また、空気と異物を適宜、循環除去できるシステムなので油圧配管に異物や生成物等の滞留することがない	別配管系統を作成し作業を行う
配管の破損時における緊急対応	破損事故と別ルートを使用することで機能維持	機器停止を行い修繕作業

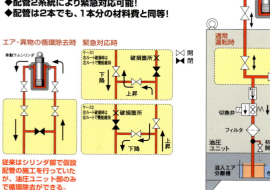

単動ラムシリンダ油圧配管の2系統化

技術のアピールポイント（課題解決への有効性）

配管内作動油の循環が可能となり、空気と異物を除去でき安定した機能を維持できる。事故等発生時においても設備の機能維持が可能である。

新規性及び期待される効果

①どこに新規性があるのか？(従来技術と比較して何を改善したのか？)
・単動ラムシリンダの油圧配管を1系統から2系統とした。

②期待される効果は？(新技術活用のメリットは？)
・作動油の循環を可能としたため、空気と異物を同時に除去できる。
・新技術では、1系統の油圧配管を2系統とすることで、作動油の循環が可能となりフラッシング作業、作動油交換時には仮設の油圧配管を別途作成することなく容易に作業ができるものである。また、油圧配管を別々のルート敷設することも可能となり、配管のトラブル発生時の対応が可能となる。更に、シリンダ部での作業や操作がなくなり油圧ユニット内操作で作動油の循環ができるため、河川への油流出等の事故発生の心配がなくなるものである。

③その他

効果の比較

	新技術	従来技術
油交換 空気・ 異物 除去	油圧ユニット部のみでの操作（シリンダ部での操作、作業は不要）で簡単に循環でき、油交換及び空気・異物除去ができる。適宜（1〜6ヶ月に一度）循環させることで油交換周期の延長ができる	別途フラッシングユニットを用意し、別途循環回路をシリンダ部分で配管接続し油圧タンクまで循環させる（3〜8年毎の油交換時）
緊急時	一方の配管が破損時、残る配管で運転できる	配管が破損すると緊急対応できず設備の長期停止となる

適用条件

①自然条件
・特になし

②現場条件
・別途のフラッシングユニットが不要で、そのスペースは 0 ㎡、
　配管スペースは 0.16×0.08=0.013 ㎡である。

③技術提供可能地域
・技術提供可能地域については制限なし

④関係法令等
・特になし

適用範囲

①適用可能な範囲
・水門設備、起伏ゲート等の単動ラムシリンダを使用する設備工事

②特に効果の高い適用範囲
・水門設備など誤作動や長期停止が許されない信頼性が求められる設備

③適用できない範囲
・特になし

④適用にあたり、関係する基準およびその引用元
JIS
ダム・堰施設技術基準（案）H19.3 月発行
（ダム・堰施設技術協会）
P.15. 1-2-3 操作の信頼性

留意事項

①設計時
・シリンダ側の配管2系統の合流部はなるべくシリンダに近い部分（できればシリンダでポートを2ヶ所設けそこで合流)とする。

②施工時
・循環除去作業後は、各ストップ弁の操作を通常状態に戻すこと。

③維持管理等
・適宜、作動油を循環させる事で、空気と異物を一掃でき、故障知らずのシステムとなる。

④その他

付録（資料）

多目的ストップバルブ

技術名称	多目的ストップバルブ		事後評価未実施技術	登録 No.	KK-120013-A
副　　題	ストップバルブ本体に多目的ポートとサポート用取付ネジを設けた構造で、配管の施工性や油圧システムのメンテナンス性の向上を図った技術である。				
分　　類	機械設備　-　水門設備　-　共通				

概要

①何について何をする技術なのか？
ストップバルブ本体に多目的ポートとサポート用取付ネジを設けた構造で、配管の施工性や油圧システムのメンテナンス性の向上が期待できる。 また、油漏れ箇所特定、漏れ量の計測、エア抜き、ホース交換、緊急対応等にも有効な技術である。

②従来はどのような技術で対応していたのか？
従来は、ストップバルブに多目的ポート、サポート用取付ネジがなくサポートは相手配管部を支持のため、サポート作り、溶接、酸洗い、ホース外してのエア抜き等必要で、施工性や油圧システムのメンテナンス性が良くなかった。

③公共工事のどこに適用できるのか？
ダム・河川用水門設備等の油圧装置が必要な工事。

④その他
油圧配管の途中には温度伸縮対策、 揺動部等逃げのほしい部分にはホースを使用するがその際にはホースの両端にストップバルブを設ける事が原則となっている。 本技術はストップバルブに多目的ポートを設けることにより、油漏れ点検や設備停止を伴わないホース交換、また、ホース交換後のエア抜きが容易。メンテ・緊急時のバイパス回路対応や別油圧源による駆動も可能にするのである。さらにストップバルブ本体に取付ネジを設けたことで、配管の支えが従来配管をクランプしていたことに対し、ホース部の支持強度と施工性を向上させる。

新技術においては、
Ⅰ.多目的ポートにより、日常および緊急時に油漏れの有無や箇所特定が可能になる。
Ⅱ.補修時は、 多目的ポート間をバイパスすることで設備（シリンダ等）の機能停止することなく作業が
　可能となる。

新技術を利用した場合と従来との比較

	新技術	従来
油漏れ確認	多目的ポートにより、油漏れの箇所特定・計測を可能とし、どの配管ルートで油漏れが発生しているかがわかることを確認した。また、日常および緊急時にも点検が可能である。	従来技術では油漏れの箇所（配管箇所）の特定ができず、設備を停止し、機器・配管を取外しての点検・整備が必要であった。
ホース交換とメンテナンス性	多目的ストップバルブの入口・出口に多目的ポートがあり、ホース交換時にホース内部のエア抜きが、油の飛散・流出もなく簡単にでき、設備の停止も必要とせず、メンテナンス性が向上した。	従来技術ではホース交換の際予備ポートがなく、ホースのジョイント部をゆるめてのエア抜きで油の飛散・流出があり大変であった。
配管トラブル発生時の対応	配管トラブル発生時には、配管のトラブル発生部を多目的ポート間でバイパス接続または、別油圧源を接続するなどでき、設備の完全機能停止を防止できる。	従来技術は配管トラブル発生時、仮設配管を設置する必要があり、その間設備の機能は停止する。

新規性及び期待される効果

①どこに新規性があるのか？（従来技術と比較して何を改善したのか？）
・多目的ポートと本体固定用取付けネジを設けた。

②期待される効果は？（新技術活用のメリットは？）
・多目的ポートにより、油漏れ箇所特定と漏れ量の計測ができる。
・多目的ポートにより、別油圧源駆動が可能。
・多目的ポートにより、破損配管のバイパス対応が可能。
　（フォールトトレランス、フェイルソフトに叶う）
・多目的ポートにより、ホース交換作業が運転状態のまま行える。
・多目的ポートにより、ホース交換後の空気抜きが簡単にできる。
・取付ネジにより本体直接取付ができ、配管スペース減少と施工性が向上する。

③その他
・従来は漏れ箇所が特定できず、設備を停止し、機器・配管を取外しての点検が必要であったが、新技術では、多目的ポートにより簡単に点検ができるようになった。
・従来のホース部におけるサポートは配管部のクランプによるもので十分な強度が得られにくかったが、新技術では、本体直接取付により十分な支持強度が得られた。

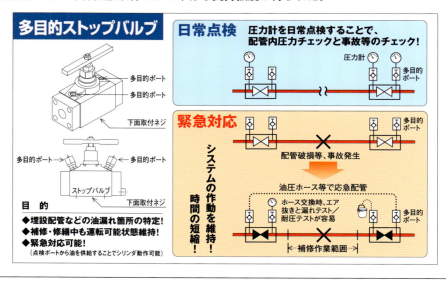

148

適応条件

①自然条件
・屋外の場合は強風、強雨、降雪時には施工不可である。室内の場合は気象条件に左右されない。

②現場条件
・多目的ストップバルブ本体直取付で、配管スペースはほぼ半減により、作業スペースが改善した。
　配管スペースは22.7×19.3=438c㎡。
　作業スペースは0.5m×1m×2名 =1㎡。

③技術提供可能地域
・技術提供可能地域については制限なし

④関係法令等
・特になし

適応範囲

①適用可能な範囲
・ダム・河川用水門設備等の油圧装置が必要な工事

②特に効果の高い適用範囲
・水門設備など誤作動や長期停止が許されない設備に最適

③適用できない範囲
・特になし

④適用にあたり、関係する基準およびその引用元
JIS
・ダム堰施設技術基準(案)
・ダム堰施設検査要領(案)
・ゲート用開閉装置(油圧式) 設計要領(案)

留意事項

①設計時
・特になし

②施工時
・特になし

③維持管理等
・油圧配管等の点検周期による。

④その他

レスキュー油圧ユニット（MI611-119-RESCUE）

技術名称	レスキュー油圧ユニット(MI611-119-RESCUE)	事後評価未実施技術	登録 No.	KK-120036-A
副　　題	壊滅的な災害に対応するために事前に用意する油圧ユニット設備			
分　　類	機械設備　-　水門設備　-　共通			

概要

①何について何をする技術なのか？
・事前購入のレスキュー油圧ユニット（油圧タンク・油圧ポンプ・油圧制御機器等で構成）・油圧駆動装置用多機能弁（または多目的ストップバルブ）により、壊滅的な災害で油圧の動力が作動しなくなった場合にも、即対応できるものである。

②従来はどのような技術で対応していたのか？
・壊滅的な災害で油圧の動力が作動しなくなった場合、部材・購入品により急遽製作の油圧ユニット及び現場での配管材、フランジサポート類を使った配管の補修などで、即対応ができなかった。

③公共工事のどこに適用できるのか？
・ダム・河川用水門設備等の油圧装置が必要な工事。

④その他
・レスキュー油圧ユニットは持ち運びができ、常備しておくことで他地域の水門・ゲート設備での災害対処に協力できる。フォールトトレランス、フェイルソフトに叶うものである。

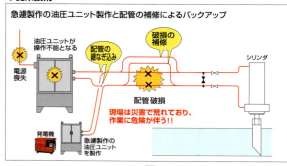

電源や油圧ユニットそのものの喪失や、油圧配管の破損が発生した場合、駆動用の油圧ユニットは無く、急遽製作の油圧ユニットと配管の継なぎこみ補修によりゲートの緊急操作を行う。

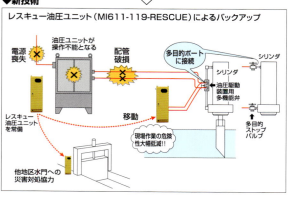

動力源(電源や油圧ユニット)の喪失や油圧配管の破損が発生した場合、事前購入で常備されているレスキュー油圧ユニットを移動、あらかじめ設けておく油圧駆動装置用多機能弁の（または多目的ストップバルブ）多目的ポートへ接続するだけで、ゲートの緊急駆動操作を行う。また、他地域の水門・ゲート設備での災害では常備しているレスキュー油圧ユニットを利用、災害対処の協力を行う。多目的ストップバルブは、面間寸法が合致するので即設置できる。

付録（資料）

新規性及び期待される効果
①どこに新規性があるのか？(従来技術と比較して何を改善したのか？) ・災害に備えて、レスキュー油圧ユニットを常備しておくこと。 ②期待される効果は？(新技術活用のメリットは？) ・壊滅的な災害発生時の下流地域における危険環境下の期間が、最小限に抑えられる。 　危険環境期間1日。

レスキュー油圧ユニットの作業工程・日程

従来技術の施工手順	新技術の施工手順
①緊急駆動用油圧ユニット製作30日（資材調達→加工→据付け塗装検査）	①レスキュー油圧ユニットの移動（運転）1日（搬入・据付・運転）
②運搬 1日	↓
③搬入・据付・配管の繋ぎ込み 3日	↓
④運転・漏れ部確認 1日	↓
⑤漏れ部配管修理・仮復旧 10日	↓
⑥運転 1日	↓
合計 46日	合計 1日

①レスキュー油圧ユニットをシリンダ付近に置く。　②油圧駆動装置用多機能弁（または多目的ストップバルブ）の多目的ポートへ接続する。　③ゲートの開閉操作を行う。

適用条件
①自然条件 ・油圧駆動装置用多機能弁（または多目的ストップバルブ）の設置では、強風、大雨、大雪等では施工不可であるが、レスキュー油圧ユニットを設置する際には屋外の配管補修作業を必要とせず、問題なく施工可能である。 ②現場条件 ・災害で設置場所の配管部は荒れているが、末端のシリンダ部のみの対処で施工性が良い。 設置スペース 0.7×0.8=0.56㎡・作業スペース1×1=1㎡ ③技術提供可能地域 ・技術提供可能地域については制限なし。 ④関係法令等 ・特になし。

適用範囲

①適用可能な範囲
・ダム、河川用水門設備等の油圧装置において壊滅的な災害にあった時の対応が必要な設備。
・油圧駆動装置用多機能弁（または多目的ストップバルブ）の設置ができる設備。

②特に効果の高い適用範囲
・動力源（電源や油圧ユニット）や配管を喪失しても、ゲートの即対応操作を必要とする設備。

③適用できない範囲
・特になし。

④適用にあたり、関係する基準およびその引用元
JIS
・ダム堰施設技術基準（案）
・ダム堰施設検査要領（案）
・ゲート用開閉装置（油圧式）設計要領（案）

留意事項

①設計時
・油圧ユニットの喪失・配管が破損してもゲート操作を必要とする設備。
・油圧駆動装置用多機能弁（または多目的ストップバルブ）の設置ができる設備か確認する。

②施工時
・地震等で倒れない様に据付けておく。

③維持管理等
・レスキュー油圧ユニットは、いつでも使える様、月点検・年点検をしておく。

④その他

付録（資料）

キューブ継手

技術名称	キューブ継手	事後評価未実施技術	登録 No.	KK-130013-A
副　題	油圧装置に使用される溶接配管継手の差し込み溶接を不要とし、フランジ取合いとした継手。			
分　類	機械設備　-　水門設備　-　共通			

概要

①何について何をする技術なのか？
油圧配管の溶接接続についてエルボ・ティをフランジ取合いとし、フランジ部を内・外溶接、継手部における溶接を無くすことで、エアと異物の溜り場となる内部隙間を無くし、同時になめらかな流路で内部抵抗の少ない構造とした技術ある。

②従来はどのような技術で対応していたのか？
従来はエルボ・ティとも差込み溶接継手によるもので、差込み端の挿入が浅い、管端の直角度が悪いなどで内部隙間ができ、エアと異物の溜り場となる懸念があった。

③公共工事のどこに適用できるのか？
ダム・河川用水門設備等の油圧装置が必要な工事。

④その他
ダム・河川用水門設備等の油圧装置では、油圧ユニット内の配管及び油圧ユニットと油圧シリンダ間を継ぐ油圧配管には多くのエルボ・ティ継手を使用している。
・従来技術では、継手部及びフランジ部は差し込み溶接となる。新技術ではフランジと管は差し込み溶接となるが、継手部はボルト締付けのため差し込み溶接が不要となる。
・フランジ取合いとは、継手と管の接続をフランジを介して行うことをフランジ取合いと表現している。
・通常油圧配管において油漏れは溶接箇所が一番多いため、溶接箇所イコール油漏れ懸念箇所としている。

新技術を利用した場合と従来技術との比較

	新技術	従来
油漏れ懸念箇所	エルボ・ティとも差し込み溶接を無くし、溶接箇所が 37.4% 低減し、油漏れ懸念箇所低減で出来形が向上した。溶接箇所 =154 箇所 /1 設備	差し込み溶接箇所が多く、油漏れ懸念箇所も多かった。溶接箇所 =246 箇所 /1 設備
溶接部の強度	エルボ・ティ部の溶接を無くしフランジ取合いとし、フランジ部を内外溶接することで配管強度をアップしている。定格圧力 21MPa 時、溶接部のせん断応力は 7.93MPa 従来比 21/7.93=2.6 倍の強度。FEM 解析では部位により 2〜5 倍、曲げに対しては 1.4 倍の強度アップした。	エルボ・ティは、差し込み溶接で、外周のみの溶接である。定格圧力 21MPa 時、溶接部のせん断応力は 21MPa である。
配管溶接	キューブエルボ及びキューブティ、キューブエルボ (エア抜き部) 等の継手に直接フランジをボルト締付けするもので、フランジと管の溶接は管の外周及び内周を溶接する工法である。エアと異物の溜り場となる内部隙間懸念箇所がなくなった。内部隙間懸念箇所 =0 箇所 /1 設備 部品点数 =116 ヶ /1 設備	差し込みエルボ、差し込みティ、ソケット等の継手を使用、短管を作成し短管とフランジを溶接、そのフランジに相手フランジをボルト締付けするもので、フランジと管の接続は管の差し込み端に発生する隙間に注意を払いながら管の外周を溶接する工法である。差し込み端の挿入が浅い、短管の直角度が悪い等で内部隙間ができ、エアと異物の溜り場となる懸念があった。内部隙間懸念箇所 =246 箇所 /1 設備 部品点数 =285 ヶ /1 設備
作業時間・工程 (日数)	継手部の作業時間が 62.1% 低減し、生産性が向上した。作業時間 =1391 分 (2.9 日) /1 設備	継手部の溶接箇所が多く、溶接や作業時間が多かった。作業時間 =3670 分 (7.65 日) /1 設備
設置及び作業スペース	継手部は直接フランジ取合いでコンパクトであり、設置スペースが低減した。エルボ部設置スペースは 7×9.5=66.5c㎡ 54〜83% 低減 /1 設備 ティー部設置スペースは 9.5×7=66.5c㎡ 67% 低減 /1 設備 作業スペース 0.5m×1.0m ×1 名 =0.5㎡ 66% 低減 /1 設備	差し込み継手にフランジ溶接もしくは曲げた管にフランジ溶接で、設置スペースが大であった。エルボ部設置スペースは 12×12 〜 20×20=144 〜 400c㎡ /1 設備 ティ部設置スペースは 12×17=204c㎡ /1 設備 作業スペース 0.5m×1.0m×3 名 =1.5 ㎡ /1 設備

153

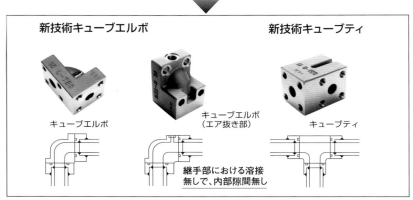

新規性及び期待される効果

①どこに新規性があるのか？（従来技術と比較して何を改善したのか？）
・継手部における溶接を無くし、フランジ取合いとしフランジ部を内・外溶接としたものである。

②期待される効果は？（新技術活用のメリットは？）
・エルボ・ティ部の溶接をなくしフランジ取合いとし、フランジ部を内・外溶接することで配管強度をアップしている。
・エルボ・ティとも継手の内部隙間懸念箇所無しで、エアと異物の溜り場がなくなった。
・継手部は直接フランジ取合いでコンパクトであり、設置スペースが低減した。
・継手部の作業時間が 62.1% 低減し、作業性が向上した。
・エルボ・ティとも差し込み溶接を無くし、溶接箇所が 37.4% 低減し、油漏れ懸念箇所低減で品質が向上した。

・部品点数 59.3% 減少、溶接箇所 37.4% 減少で施工時のチェック項目も少なくなる。
　部品点数 =285 ヶ→116 ヶ /1 設備
　溶接箇所 =246 箇所→154 箇所 /1 設備

③その他
・フラッシングは、内部隙間のない配管で異物の溜り場がなく、また鋳抜きによる滑らかな流路で異物の停滞も無いため流速を上げたり、ハンマリングによる作業や別途用意の仮設配管及びフラッシングユニットが不要で、フラッシングが容易になった。

付録（資料）

従来配管

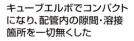
差込み端にはエア・異物の溜り場となる内部隙間が残る

キューブエルボでコンパクトになり、配管内の隙間・溶接箇所を一切無くした

新配管

配管とフランジの接合部分を内外溶接することで隙間を完全に無くし、異物の侵入を防ぐ。

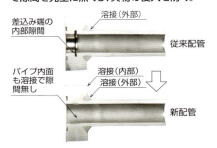

キューブエルボ断面写真　　キューブティ断面写真

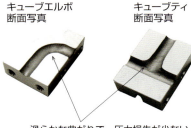

滑らかな曲がりで、圧力損失が少ない。差込みっ溶接が無く、内部隙間無。

適応条件
①自然条件 ・屋外の場合は強風、強雨、降雪時には施工不可である。室内の場合は気象条件に左右されない。 ②現場条件 ・継手部は直接フランジ取合いでコンパクトであり、設置スペースも減少した。。 エルボ部設置スペース =144 〜 400c㎡→66.5c㎡ 54 〜 83% 低減 /1 設備 ティ部設置スペース =204c㎡→66.5c㎡ 67% 低減 /1 設備 作業スペース =1.5㎡→0.5㎡ 66% 低減 /1 設備 ③技術提供可能地域 ・技術提供可能地域については制限なし。 ④関係法令等 ・特になし

155

適応範囲

①適用可能な範囲
・ダム・河川用水門設備等の油圧装置が必要な工事。定挌出力 21Mpa までの油圧装置

②特に効果の高い適用範囲
・水門設備など誤作動や長期停止が許されない設備に最適

③適用できない範囲
・特になし

④適用にあたり、関係する基準およびその引用元
JIS
・ダム堰施設技術基準（案）
・ダム堰施設検査要領（案）
・ゲート用開閉装置（油圧式）設計要領（案）

留意事項

①設計時
・特になし

②施工時
・特になし

③維持管理等
・油圧配管等の定期点検による。

④その他

緊急油圧装置

技術名称	緊急油圧装置		事後評価未実施技術	登録 No.	KK-140032-A
副　　題	ダム用ゲート、河川用水門等の油圧設備が壊滅的な災害や故障で操作困難事態に陥る事に備え、事前に常備しておき、短期間で緊急操作を可能とする設備					
分 類 1	機械設備　－　水門設備　－　共通				
分 類 2	仮設工　－　その他				
分 類 3	災害対策機械				
概要					

①何について何をする技術なのか？
・電源の喪失や電気系統・油圧系統の故障があった場合でも、故障の原因解明、修復をまたず緊急油圧装置によりエンジンを始動、レバー操作のみで緊急時の油圧ゲート等の操作を短期間で可能とする。

②従来はどのような技術で対応していたのか？
・壊滅的な災害で、電源の喪失や電気系統・油圧系統の故障があった場合、装置内部は複雑で機器配置や故障原因の即解明ができず、対応は困難であり、急遽製作の油圧ユニットと配管の継なぎ込みによりゲートの緊急操作を行っていた。

③公共工事のどこに適用できるのか？
・ダム・河川用水門設備等の油圧装置が必要な工事。

④その他
・施設に常備が可能であり、軽量・コンパクトなためライトバン等で積載可能で、他地域への災害対処協力ができる。フォールトトレランス・フェイルソフトに叶うものである。

緊急油圧装置

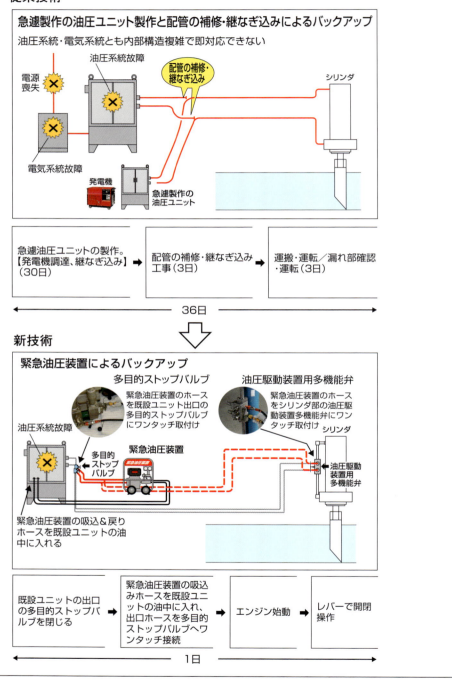

新規性及び期待される効果

①どこに新規性があるのか？（従来技術と比較して何を改善したのか？）
・従来は、油圧ユニットの内部で油圧系統の２重化等によるバックアップを図っていた。新技術では油圧設備の操作困難事態に備え、あらかじめ常備しておく装置で、緊急時には既設油圧ユニットの故障解明をまたず縁を切り、短期間で緊急操作を可能とするバックアップ方法である。

②期待される効果は？（新技術活用のメリットは？）
・従来技術は操作困難事態に陥った場合、油圧ユニットの内部が複雑で機器配置や故障原因の即解明ができず、即の対応は困難であった。新技術では故障の原因解明、修復を待たず既設油圧ユニットと縁を切り、緊急操作を可能とする。

緊急油圧装置の操作方法

  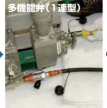 

既設油圧ユニットの給油口を外す。 / 吸込＆戻りホースを油中に入れる。 / 駆動側ホース（開＆閉）を多機能弁の出側ポートに接続する。（カプラーの接続が固い場合は、カプラーを差したままの状態で装置本体の圧力抜き弁を開にして残圧を抜き接続する。接続を終えたら圧抜き弁を閉じる。）

多機能弁のストップ弁を全閉にする。（既設油圧ユニットで操作する場合、ストップ弁は必ず全開とする。） / エンジンを始動し、（アイドリングレバーを引き、スロットルツマミを下げ、アイドリング位置にして始動）フルスロットルに固定する。 / 手動切換弁のレバーを操作して「開・停止・閉」操作を行う。（開度計または被操作物を確認しながら操作する。） / シリンダが動きゲート等が作動する。

作業工程・日程

◆従来方式の施工手順　　　　　　　　　　◆新技術の施工手順

| ①急遽製作の油圧ユニット製作　30日 |　　　　| ①緊急油圧装置の運搬　　1日 |
| （発電機調達 → 継なぎ込み） |

↓

| ②配管の継なぎ込み工事　　3日 |

↓

| ③運搬・運転／漏れ部確認・運転　3日 |

　　　　　　　　　　合計36日　　　　　　　　　　　　　　　　　合計1日

適用条件

①自然条件
・緊急油圧装置はゲート室内の既設ユニット近くに設置し、継なぎ込みを行うもので室内作業のため、気象条件に左右されない。

②現場条件
・緊急油圧装置は、緊急目的であり通常動力の約30%(6.2kw)としており、また、既設タンクの作動油を利用の為、タンクレスで本体外形寸法は、550㎜(タテ)×650㎜(ヨコ)×830㎜(高さ)とコンパクトなものとなっている。
設置スペース 0.55×0.65=0.36 ㎡
作業スペース 1×1=1 ㎡

③技術提供可能地域
・技術提供可能地域については制限なし。

④関係法令等
・特になし。

適用範囲

①適用可能な範囲
・ダム、河川用水門設備等の油圧装置において壊滅的な被害にあい、ゲート操作が機能しなくなった場合にも操作が短期間で必要な設備で、多目的ストップバルブ(または油圧駆動装置用多機能弁)が設置でき、また、緊急油圧装置を常備できる設備。

②特に効果の高い適用範囲
・動力源、電源喪失や機器故障してもゲートの緊急操作を短期間で必要とする設備。

③適用できない範囲
・特になし。

④適用にあたり、関係する基準およびその引用元
JIS
・ダム堰施設技術基準 (案)
・ダム堰施設検査要領 (案)
・ゲート用開閉装置 (油圧式) 設計要領 (案)

留意事項

①設計時
・電源喪失や電気系統・油圧系統の故障があった場合でも、即のゲート操作を短期間で必要とする設備。
・多目的ストップバルブ(または油圧駆動装置用多機能弁)の設置ができる設備。

②施工時
・地震などで倒れないように固定、移動止めをしておく。

③維持管理等
・緊急油圧装置は、いつでも使える様、定期点検・整備をしておく。

④その他

レスキューバルブ

技術名称	レスキューバルブ		事後評価未実施技術	登録 No.	KK-160003-A
副　題	油圧ユニットの配管出口にあらかじめ設けておくバルブで油圧ユニットや配管が災害などで機能を失った場合でも油圧ユニット側と縁切りし、油圧の作用状態にある設備にも外部油圧源をワンタッチ接続でき、緊急操作を可能とする技術である。					
分類 1	機械設備　-　水門設備　-　共通				
分類 2	災害対策機械				
概要					

①何について何をする技術なのか？
・油圧ユニットの配管出口にあらかじめレスキューバルブを設けておき、緊急時には外部油圧源のワンタッチ接続を可能とし、緊急操作を行う技術である。

②従来はどのような技術で対応していたのか？
・緊急対応時には、支え具でダム・ゲート等の大きな負荷を支えた後、配管の途中を分断し、外部油圧源の接続を行い、緊急操作を行っていたが以下のような課題があった。
・緊急対応時に工事を伴い、すぐに対応することが困難
・工事の危険性、油の流出、飛散の懸念を伴う

③公共工事のどこに適用できるのか？
・ダム・河川用水門設備等の油圧装置が必要な工事

④その他
・あらかじめレスキューバルブを設けており、フォールトレランス・フェイルソフトに叶うものである。

◆従来技術

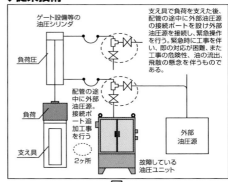

◆新技術

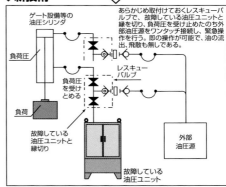

新技術と従来技術の比較概念図

新規性及び期待される効果

①どこに新規性があるのか？(従来技術と比較して何を改善したのか？)
・従来は、緊急時には、現場作業で支え具によりダムゲート等の大きな負荷を支えた後、配管の途中を分断し、外部油圧源の接続を行い、操作を行っていた。新技術では油圧ユニットの配管出口にあらかじめレスキューバルブを設けておき、緊急時には外部油圧源をワンタッチで接続し、即操作を行うものとしたものである。

②期待される効果は？(新技術活用のメリットは？)
・従来は、現場作業で支え具によりダムゲート等の大きな負荷を支えた後、配管の途中を外し、分断して外部油圧源の接続を行う。その為、油の流出・飛散の懸念があった。新技術では故障している油圧ユニットと縁切りができ、負荷圧を受け止めた後、容易にカプラーの接続ができる。その為、油の流出・飛散の懸念は無しである。

適応条件

①自然条件
・あらかじめレスキューバルブが取付けられており、緊急時にはカプラーのワンタッチ接続ができ、工事を伴わず気象条件に左右されない。

②現場条件
・あらかじめレスキューバルブが取付けられており、緊急時の現場作業無し。

③技術提供可能地域
・技術提供可能地域については制限なし

④関係法令等
・特になし

適応範囲

①適用可能な範囲
・水門設備など、ゲート操作においてフォールトレランス・フェイルソフトが要求される設備。

②特に効果の高い適用範囲
・電源喪失や電気系統の故障があった場合でも、即、ゲートの操作を必要とする設備。
・レスキューバルブが設置できる設備。

③適用できない範囲
・特になし

④適用にあたり、関係する基準およびその引用元
・JISダム堰施設技術基準(案)
・JISダム堰施設検査要領(案)
・ゲート用開閉装置(油圧式) 設計要領(案)

留意事項

①設計時
・ダム、河川用水門設備等の油圧装置において壊滅的な被害にあい、ゲート操作が機能しなくなった場合にも操作が必要な設備で、レスキューバルブが設置できる設備。

②施工時
・特になし。

③維持管理等
・レスキューバルブをいつでも使えるように定期点検・整備をしておく。

④その他

付録（資料）

エア抜きを自動化した油圧シリンダ

技術名称	エア抜きを自動化した油圧シリンダ	事後評価未実施技術	登録 No.	KK-170029-A
副　題	油圧シリンダのストローク端でピストンのキャップ側・ヘッド側の各室を小穴で導通させる機構を設けておき、エア抜きの際には油圧シリンダのストローク端まで操作。その後も継続操作し、作動油を送り続け油圧シリンダ内の混入エアを抜く技術である。			
分類 1	機械設備　-　水門設備　-　共通			

概要

①何について何をする技術なのか？
申請技術は、油圧シリンダのストローク端でピストンのキャップ・ヘッド側の各室を小穴で導通させる構造であり、エア抜き作業の際には油圧シリンダのキャップ側・ヘッド側のどちらか一方向のストローク端で作動の停止後も作動油を送り続けるだけで油圧シリンダ内の残留エアを自動的に抜くことができる。

②従来はどのような技術で対応していたのか？
従来技術は、油圧シリンダのキャップ側・ヘッド側のそれぞれにエア抜き弁がある構造であり、エア抜き作業では、シリンダを操作盤で操作する者とエアを抜く者 2 名で互いの合図により、シリンダを動かした側の反対側でエア抜き弁を開いたり閉じたりしてエア抜きを行い、抜けてくるエア混入油をウエスで押さえながらバケツなどで受けていた。

③公共工事のどこに適用できるのか？
ダム・河川用水門設備等の油圧装置が必要な工事。

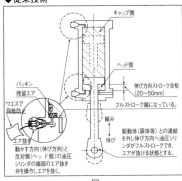

エア抜き弁がある油圧シリンダ
油圧シリンダと駆動体（扉体等）の連結を一旦外し、油圧シリンダがフルストロークでき、エアが抜ける状態とした後、油圧シリンダを伸び方向に動かし、その方向と反対側（ヘッド側）の油圧シリンダの端部の空気抜き弁を緩めるという作業を油圧シリンダの伸び縮みについて交互に繰り返すことにより行う。

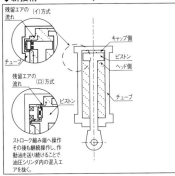

エア抜きを自動化した油圧シリンダ
本技術は、油圧シリンダのストローク縮み端でピストンのキャップ側・ヘッド側の各室を導通させる機構を設けておき、エア抜きの際には油圧シリンダのストローク縮み端まで操作。その後も継続操作し、作動油を送り続け油圧シリンダ内の残留エアを抜くものである。導通穴の機構としては、チューブ内壁に設けた導通穴をピストンのパッキンを通過する方式（左図（イ））とピストン内部に設けた導通穴をピストンのストローク端で機械的に自動で開く方式（左図（ロ））の 2 種類がある。（イ）方式は小穴をパッキンが通過する際パッキンへのダメージ発生の都合上穴径に制限があるが（ロ）方式はその制限がなく、エア抜きの速度がより早いものとなる。コスト面では（イ）方式の方が（ロ）方式より安価なため小径シリンダに於いては（イ）方式を、大径シリンダに於いては（ロ）方式を適用する。従来技術に対する比較の対象としては（ロ）方式で行うものとする。

163

新規性及び期待される効果

①どこに新規性があるのか？（従来技術と比較して何を改善したのか？）
従来技術のエア抜き作業は、油圧シリンダのキャップ側・ヘッド側それぞれのエア抜き弁を操作し、抜けてくるエア混入油をウエスで押えながらバケツで受けていたが、新技術では、シリンダのキャップ側・ヘッド側のどちらか一方向のストローク端で作動の停止後も作動油を送る続けるだけで自動的にエアを抜くことができる。

②期待される効果は？（新技術活用のメリットは？）
・申請技術のエア抜き作業は、シリンダ部でのエア抜き作業が無く、操作盤の操作のみのため、高所作業による危険性がない。
・従来技術のエア抜き作業は、シリンダのキャップ側・ヘッド側のエア抜き弁を開いたり閉じたりしてエア抜きをするが、ピストン端面からパッキンまでの間の残留エアは、抜けにくいが、新技術では、シリンダのキャップ側・ヘッド側のどちらか一方向のストローク端で作動油を送り続けるだけで自動的にエアを抜くことができ、残留エアが少なくなることから、エア抜き作業の品質向上が期待できる。
・申請技術は、ピストン端面からパッキンまでの間のエアも抜けるため、残留エアの断熱圧縮による高温発生もなくパッキンおよび作動油の劣化が小さい。
・残留エアの圧縮・膨張のため、ピストンの意図しない断続的な動作となる現象（ノッキング現象）等がなく安定した作動が得られる。
・申請技術のエア抜き作業は、シリンダのストローク端で作動の停止後も作動油を送り続けるだけで、自動的に残留エアを抜くことができるため、経済性・施工性の向上と工程短縮が期待できる。
・申請技術のエア抜き作業は、操作盤の操作によるものであり、河川など、外部への油の流出の懸念も無い。また油漏れや飛散、高所作業の危険性などが無いため、安全帯・安全メガネ着用をしない。

適応条件

①自然条件
申請技術のエア抜き作業は、操作盤のみによる方法で、気象条件に左右されない。

②現場条件
油圧シリンダ部でのエア抜き作業が無く、操作盤の操作のみのため、作業スペースは 1.5×1.5×1 人分 =2.25 ㎡ /1 設備で良い。

③技術提供可能地域
技術提供可能地域については制限なし

④関係法令等
特になし

付録（資料）

適応範囲

①適用可能な範囲
・水門・ゲート等の油圧シリンダを使用している設備。
・シリンダのサイズ（内径・ストローク）による適用の制限はない。

②特に効果の高い適用範囲
・油圧シリンダの作動で、ノッキング・ステックスリップ作動等のない、円滑性が要求される設備。
・油圧シリンダ2本による同期作動が要求される設備。

③適用できない範囲
特になし

④適用にあたり、関係する基準およびその引用元
・JIS
・ダム堰施設技術基準（案）
・ダム堰施設検査要領（案）
・ゲート用開閉装置（油圧式）設計要領（案）
・ダム用開閉装置（油圧式）点検・整備要領（案）
・土木工事安全施工技術指針

留意事項

①設計時
エア抜き装置の設置作業は工場での加工となるため、既設物の場合は取り外し作業が必要となる。

②施工時
・油圧シリンダのストローク端まで操作できるようにすること。(例えば、リミットスイッチ等により途中停止させない等の措置を行うなど・・・。)

③維持管理等
・1万回の作動試験においてシリンダパッキンに損傷はないが、使用回数は1,000回程度としている。
・エア抜きをいつでもできるように定期点検・整備をしておく。

④その他
・特になし

165

SI 単位による計算式

SI（国際単位系）は、1971 年 ISO 規格で使用が開始され、我が国においても 1972 年に SI を JIS に段階的に導入することが、日本工業標準調査会標準会議で決定されています。

1974 年に JIS Z8203 で、SI の導入を 3 段階を経て実施する方針を打ち出しています。

第 1 段階…従来単位に SI 単位を併記

第 2 段階…SI 単位に従来単位を併記

第 3 段階…SI 単位のみによる表示

そして 1992 年の計量法改正により、取引または証明における計量単位は 1999 年 10 月 1 日より SI 単位に統一されています。

1. SI 基本単位

量	名称	記号
長さ	メートル	m
質量	キログラム	kg
時間	秒	s
電流	アンペア	A
熱力学温度	ケルビン	K
物質量	モル	mol
光度	カンデラ	cd

2. SI 補助単位

量	名称	記号
平面角	ラジアン	rad
立体角	ステラジアン	sr

3. 固有の名称を持つ SI 組立単位

量	名称	記号	定義
振動数、周波数	ヘルツ	Hz	$1/s$
力	ニュートン	N	kgm/s^2
圧力、応力	パスカル	Pa	N/m^2
エネルギー、仕事、熱量	ジュール	J	$N \cdot m$
仕事率、放射束	ワット	W	J/s
電気量、電荷	クーロン	C	$A \cdot s$
電圧、電位	ボルト	V	W/A
静電容量	ファラド	F	C/V

電気抵抗	オーム	Ω	V/A
コンダクタンス	ジーメンス	S	A/V
磁束	ウエーバ	Wb	V・s
磁束密度	テスラ	T	Wb/m^2
インダクタンス	ヘンリー	H	Wb/A
セルシウス温度	セルシウス度	℃	t℃ ＝(t+273.15)K
光束	ルーメン	1m	cd・sr
照度	ルクス	lx	lm/m^2
放射能	ベクレル	Bq	1/s
吸収線量	グレイ	Gy	J/kg
線量当量	シーベルト	Sv	J/kg

4. SI 接頭辞

10n	接頭辞	記号	漢数字表記
10^{24}	ヨタ（yotta）	Y	一秭
10^{21}	ゼタ（zetta）	Z	十垓
10^{18}	エクサ（exa）	E	百京
10^{15}	ペタ（peta）	P	千兆
10^{12}	テラ（tera）	T	一兆
10^{9}	ギガ（giga）	G	十億
10^{6}	メガ（mega）	M	百万
10^{3}	キロ（kilo）	k	千
10^{2}	ヘクト（hecto）	h	百
10^{1}	デカ（deca, deka）	da	十
10^{0}	－	－	一
10^{-1}	デシ（deci）	d	十分の一（分）
10^{-2}	センチ（centi）	c	百分の一（厘）
10^{-3}	ミリ（milli）	m	千分の一（毛）
10^{-6}	マイクロ（micro）	μ	百万分の一
10^{-9}	ナノ（nano）	n	十億分の一
10^{-12}	ピコ（pico）	p	一兆分の一
10^{-15}	フェムト（femto）	f	千兆分の一
10^{-18}	アト（atto）	a	百京分の一
10^{-21}	ゼプト（zepto）	z	十垓分の一
10^{-24}	ヨクト（yocto）	y	一秭分の一

5. 固有の名称を用いて表される SI 組立単位の例

量	名称	記号
粘度	パスカル秒	Pa・s
力のモーメント	ニュートンメートル	N・m
表面張力	ニュートン毎メートル	N/m
熱流密度、放射照度	ワット毎平方メートル	W/m^2
熱容量、エントロピ	ジュール毎ケルビン	J/K
比熱、比エントロピ	ジュール毎キログラム毎ケルビン	J/(kg・K)
熱伝導率	ワット毎メートル毎ケルビン	W(m・K)
誘電率	ファラド毎メートル	F/m
透磁率	ヘンリー毎メートル	H/m

6. SI と併用される単位

量	名称	記号	S1 単位での値
時間	分	min	1min=60s
	時	h	1h=60min=3600s
	日	d	1d=24h=86400s
平面角	度	°	1°＝(π/180)rad
	分	′	1'=(1/60)°＝(π/10800)rad
	秒	″	1"=(1/60)'＝(π/648000)rad
体積	リットル	L	1 L = 1dm^3 = 10-3 m^3
質量	トン	t	1 t = 10^3 kg

力

N	dyn	kgf
1	1×10^5	1.02×10^{-1}
1×10^{-5}	1	1.02×10^{-6}
9.807	9.807×10^5	1

トルク

N・m	kgf・m	gf・cm
1	1.02×10^{-1}	1.02×10^4
9.807	1	1×10^5
9.807×10^{-5}	1×10^{-5}	1

付録（資料）

圧力

Pa	MPa	bar	kgf/cm^2	atm	mmHg
1	1×10^{-6}	0.01×10^{-3}	10.197×10^{-6}	9.869×10^{-6}	7.501×10^{-3}
1×10^6	1	10	10.197	9.869	7501
100000	0.1	1	1.0197	0.9869	750.06
98067	0.09807	0.9807	1	0.9678	735.56
101330	0.10133	1.0133	1.0332	1	760

仕事・エネルギー及び熱量

J	kgf・m	kW・h	kcal
1	1.02×10^{-1}	2.778×10^{-7}	2.389×10^{-4}
9807	1	2.724×10^{-6}	2.343×10^{-3}
3.6×10^6	3.671×10^5	1	8.60×10^2
4.186×10^3	4.296×10^2	1.163×10^{-3}	1

仕事率（工率、動力）

W	kW	kgf・m/s	kcal/s
1	1×10^3	1.02×10^{-1}	2.389×10^{-4}
1×10^3	1	1.02×10^2	2.389×10^{-1}
9.807	9.807×10^{-3}	1	2.343×10^{-3}
4.186×10^3	4.186	4.296×10^2	1

（注）W=1J/s, 1kgf・m/s=9.807W

流量

m^3/s	m^3/h	L/min	Gal（US）/min
1	3.6×10^3	6×10^4	1.585×10^4
2.778×10^{-4}	1	1.667×10	4.403
1.667×10^{-5}	6×10^{-2}	1	2.642×10^{-1}
6.304×10^{-5}	2.271×10^{-1}	3.782	1

熱伝達係数

W/m^2・K	kcal/m^2・h・℃	cal/cm^2・s・℃
1	8.60×10^{-1}	2.389×10^{-5}
1.163	1	2.778×10^{-5}
4.186×10^{4}	3.6×10^{4}	1

熱伝導率

W/m・K	kcal/m・h・℃	J/cm・s・℃
1	8.60×10^{-1}	1×10^{-2}
1.163	1	1.163×10^{-2}
100	8.60×10	1

粘度

Pa・s	P（ポアズ）	cP
1	10	1000
0.1	1	100
0.001	0.01	1

動粘度

m^2/s	St	cSt
1	1×10^{4}	1×10^{6}
1×10^{-4}	1	1×10^{2}
1×10^{-6}	1×10^{-2}	1

（注）1cSt = 1mm^2/s

付録（資料）

SI 単位による計算式

計算に使用する作動油の物性値は、石油系 ISO VG（32℃）の例です。

圧力 P（MPa）
$$P = \frac{F}{A} \times 10^{-2}$$

F：力（N）
A：面積（cm²）

流量 Q（L/min）
$$Q = A \times v \times 60 \times 10^{-1}$$

v：流速（m/s）
A：管内面積（cm²）

オリフィス流量 Q（cm³/s）
$$Q = \alpha \times A \times \sqrt{\frac{2}{\rho} \times \Delta P} \times 10^5$$

ΔP：差圧（MPa）
α　：流量係数（通常 0.6 ～ 0.7）
ρ　：密度　870（kg/m³）
A　：オリフィス面積（cm²）

ノズル流量 Q（cm²/s）
$$Q = \frac{\pi \cdot D^4 \cdot \Delta P}{128 \cdot \rho \cdot v \cdot \ell} \cdot 10^6$$

D　：穴径（cm）
v　：動粘性係数 33・10^{-6}（m²/s）
ℓ　：穴の長さ（cm）
ΔP：差圧（MPa）
ρ　：密度 870（kg/m³）

171

管路の圧損　ΔP（MPa）

$$\Delta P = \frac{v^2 \cdot \rho}{2} \cdot \lambda \cdot \frac{\ell}{di} \cdot 10^{-6}$$

Re = v・di/ ν ＜ 2320 の時　　　$\lambda = \dfrac{64}{Re}$

Re = v・di/ ν ≧ 2320 の時　　　$\lambda = \dfrac{0.3164}{\sqrt[4]{Re}}$

v ：流速（m/s）

ρ ：密度（kg/m^3）

λ ：管摩擦係数

di ：内径（m）

ℓ ：管長（m）

Re：レイノルズ数

ν ：動粘性係数 33・10^{-6}（m^2/s）

鋼管耐圧力　P（MPa）

$$P = \frac{2 \cdot S \cdot t}{D \cdot f}$$

S ：引張強さ（N/mm^2）

t ：管の肉厚（mm）

D：管の外径（mm）

f ：安全率（通常 4 以上、衝撃の大きい場合は 6 以上）

体積弾性係数　K（MPa）

$$K = \frac{1}{\beta} = V \cdot \frac{dP}{dv}$$

β ：圧縮率（MPa-1）　　　　$\beta = -\dfrac{1}{v} \dfrac{dP}{dv}$

V ：流体の体積（cm^3）

dP：圧力変化（MPa）

dv：圧縮量（cm^3）

K の値は空気混入率 0％の時　1.7×10^{3}MPa（1.7×104kgf/mm^2）であるが、
空気の混入を考慮に入れて　0.8×103MPa（0.8×104kgf/mm^2）とする。

172

付録（資料）

サージ圧　ΔP（MPa）

$$\Delta P = \rho \cdot a \cdot \Delta v \cdot 10^6$$

ρ　：密度 870（kg/m³）

Δv：油圧速度変化（m/s）

a　：油中の圧力伝達速度（m/s）

$$a = \sqrt{\frac{1}{\rho \cdot (\frac{1}{K} + \frac{D}{\delta \cdot E}) \cdot 10^{-6}}} \fallingdotseq \sqrt{\frac{k}{\rho}} \cdot 10^3$$

D：配管径（mm）

E：管のヤング率　2.1×10^5（N/mm² = MPa）

δ：肉厚（mm）

K の値は空気混入率 0%の時　1.7×10^3 MPa（1.7×10^4 kgf/cm²）であるが、空気の混入を考慮に入れて　0.8×10^3 MPa（0.8×10^4 kgf/cm²）とする。

ポンプ出力　L　（kW）
（油動力）

$$L = \frac{P \cdot Q}{60}$$

P：圧力（MPa）

Q：流量（L/min）

ポンプ軸入力　L　（kW）
（入力動力）
（電動機容量）

$$L = \frac{P \cdot Q}{60 \cdot \eta}$$

P：圧力（MPa）

Q：流量（L/min）

η：ポンプ全効率

油圧モータ理論トルク
Tth　（N・m）

$$Tth = \frac{P \cdot q}{61.6}$$

P：有効圧力（MPa）（入口圧力　−　出口圧力）

q：押しのけ容積（cm³）

173

油圧モータ出力トルク

T（N・m）

$$T = \eta m \cdot Tth = \frac{P \cdot q \cdot \eta m}{6.28}$$

P ：有効圧力（MPa）（入口圧力－出口圧力）

q ：押しのけ容積（cm³）

ηm ：油圧モータの機械効率

装置の発熱量 H（kW）はシステムのポンプ平均軸入力からアクチエータの仕事量を差し引いたものですが、簡易的な発熱量の求め方としては、下記のようになります。

$$H = L \cdot \eta c$$

L ：ポンプ軸入力（kW）

ηc ：装置の発熱係数

ポンプ負荷比率		定吐出量ポンプ				可変吐出量ポンプ
装置条件	サイクル中のロード率(%)	100	70	50	30	
ηc	ポンプ吐出量に対し使用量が少ない装置（クランプ等を主としたもの）	1	0.85	0.7	0.5	0.3
	ポンプ吐出量を比較的有効に使用する装置（絞り弁で速度制御しているもの）	0.8	0.7	0.6	0.4	0.4〜0.5
	ポンプ吐出量を比較的有効に使用する装置（絞り弁を使用していないもの）	0.5	0.45	0.4	0.35	0.5

付録（資料）

油タンクの油温上昇
Δt（℃）

$$\Delta t = \frac{Q}{R \cdot A} \cdot (1 - e^{-h/T}) \qquad T = \frac{\Sigma^{G \cdot C}}{R \cdot A}$$

G：温度上昇する各部の質量（kg）

（油・油タンク・機器・配管等伝熱各部）

アルミ：2690 kg/m³
鉄　　：7860 kg/m³　　各材質の密度
油　　：　870 kg/m³

C：温度上昇する各部の比熱（J/kg・K）

油：1884、鉄：460、アルミ：890

h：経過時間　（h）

R：油タンクの放熱係数（J/m²・h・K）R=41860

A：油タンクの放熱面積（m²）

T：時定数

Q：入熱量（J/h）=H・3.6・106

H：装置の発熱量（kW）

a：平均軸入力損失率

油タンクの重量及び表面積は、油タンクの参考寸法（P136）を参照。

175

SI 単位と従来単位の計算例による比較

	SI 単位	従来単位
圧力 P	F = 100,000 N、A = 78.5 cm^2 P = F / A × 10e-2 　 = 100,000 / 78.5×10e-2 　 = 12.7 MPa	F = 10,000 kgf、A = 78.5 cm^2 P = F / A 　 = 10,000 / 78.5 　 = 127.4 kgf/cm^2
流量 Q	v = 0.2 m/s ., A = 　 cm^2 Q = A・V・60e-1 　 = 19.6×0.2×60e-1 　 = 23.5 L/min	同左
オリフィス 流量 Q	差圧 ΔP =2MPa 油の密度　ρ = 870 kg/m^3 流量係数　α = 0.65 オリフィス径 d = φ1 オリフィス面積 A= π/4・d2e-2 = 0.785e-2 cm^2 Q = α・A・(2/ρ・ΔP)^05・1e+5 　 = 0.65×0.785e-2×(2/870×2)^ 　　 0.5×1e+5 　 = 34.6 cm^3/s	差圧 ΔP =20kgf/cm^2 油の比重量　γ = 0.87e-3 kg/m^3 流量係数　α = 0.65 オリフィス径 d = φ1 重力加速度 g = 980cm/s^2 オリフィス面積 A= π/4・d2e-2 = 0.785e-2 cm^2 Q = α・A・(2・g/γ・ΔP)^05 　 = 0.65×0.785e-2×(2 × 980/ 　　 (0.87e-3)×20)^0.5 = 34.3 cm^3/s
ノズル 流量 Q	穴径 D = 0.1 cm 穴の長さ　ℓ =0.9 m 差圧 ΔP = 2 Mpa 密度　ρ = 870 kg/m^3 v = 33e-6 m^2/s Q =(π・D^4・ΔP)/ 　　　(128・ρ・v・ℓ)・1e6 　 =(π × 0.1^4 × 2) 　　 /(128×870×33e-6×0.9)×1e+6 　 = 189.9 cm^3/s	穴径 D = 0.1 cm , 穴の長さ　ℓ =0.9 m 差圧 ΔP = 20 kgf/cm^2 比重量 γ = 0.87e-3 kg/cm^3 v = 33e-2 cm^2/s 重力加速度 g = 980cm/s^2 Q =（π・D^4・g・ΔP)/（128・γ・v・ℓ) 　 =（π×0.1^4×980×20) 　　 /(128 × 0.87e-3×33e-2×0.9) 　 = 184.1 cm^3/s

付録（資料）

管路の 圧力損失 ΔP	流量　v = 5 m/s 密度　ρ = 870 kg/m^3 管長　ℓ = 2 m 内径　d1 = 0.016 m v = 33e-6 m^2/s Re = v・di / ν = 5 × 0.016 　　　　/（33e-6）= 24.24 λ = 64/Re = 64/ 2424 = 0.026 ΔP = v^2・ρ/2・λ・ℓ/d × 1e-6 　　= 5^2 × 870/2×0.026×2/0.016 　　×1e-6 = 0.035MPa	流量　v = 5 m/s 密度　ρ = 870 kg/m^3 管長　ℓ = 2 m 内径　d1 = 0.016 m v = 33e-6 m^2/s , g = 9.8 m/s^2 Re = v・di / ν = 5×0.016 　　　　/（33e-6）= 24.24 λ = 64/Re = 64/ 2424 = 0.026 ΔP = v^2・ρ/（2・g）・λ・ℓ/di×1e-4 　　= 5^2×870/（2・g）×0.026×2/0.016 　　×1e-6 = 0.36 kgf/cm^2
鋼管の 耐圧力 P	引張強さ S = 370 N/mm^2 外径 D = 34 mm 肉厚 t = 4.5 mm 安全率 f = 4 P = 2・S・t /（D・f） 　= 2×370×4.5 /（34×4） 　= 24.5（N/mm^2 = MPa）	引張強さ S = 38 kgf/mm^2 外径 D = 34 mm 肉厚 t = 4.5 mm 安全率 f = 4 P = 200・S・t/（D・f） 　= 200×38×4.5 /（34×4） 　= 251.4 kgf/cm^2
圧縮量 ΔV	流体の体積　V = 1000cm^3 ΔP = 15 MPa 体積弾性係数　K = 0.8e+3 MPa ΔV = V・ΔP / K 　　= 1000×15/（0.8e+3） 　　= 18.75 cm^3	流体の体積　V = 1000cm^3 ΔP = 150 kgf/cm^2 体積弾性係数　K = 0.8e+4 kgf/cm^2 ΔV = V・ΔP / K 　　= 1000×150 /（0.8e+4） 　　= 18.75 cm^3
ポンプ 出力　L	P = 7 MPa Q = 30 L/min L = P・Q/60 　= 7×30 / 60 =3.5kW	P = 70 kgf/cm^2 Q = 30 L/min L = P・Q/612 　= 70×30 / 612= 3.43 kW
ポンプ 軸入力	P = 7 MPa Q = 30 L/min η = 80 % L = P・Q/60 　= 7×30 / 60 =3.5kW	P = 70 kgf/cm^2 Q = 30 L/min η = 80 % L = P・Q/612 　= 70×30 / 612= 3.43 kW

177

上西家のこと

　上西家の先祖は、熊野神社の近くに勢力を誇った豪族「鈴木」「宇井」「榎本」の熊野三党の1つで、熊野の鈴木一族にあたります。

八咫烏（やたがらす）

　熊野三党とは、神武天皇東征のおりに、熊野国から大和国への道案内をした八咫烏の3本の足が、熊野三党を意味するとする説もあり、また熊野神社の文書では孝昭天皇（第5代）の時に熊野権現が竜に乗って千穂の峯に降臨した際、迎えに出た3人の兄弟がそれぞれ姓を賜り、そのうちの1人が鈴木となったとも言われております。

　「鈴木」は熊野地方において神官を受け継ぐ家系であり、元々の本拠地は熊野新宮周辺ですが、やがて藤白湊に移って藤白神社の神官となり、鈴木党を結成しました。

　この鈴木党が鈴木姓の中心的存在となり、代々藤白を拠点として発展しております。

私の先祖は、熊野本宮の近くの本宮町小津荷に居住しておりました。土地の伝承では、400年前から鈴木一族として当地で生活していたとされております。

　また、私の祖母にあたる「鈴木コト」は、本宮町小津荷の隣の本宮町高山の上面家から、祖父の「鈴木林太郎」に嫁入りしておりますが、この高山村は、1185年の壇之浦の戦いで敗れて落ち延びてきた平氏の一族が作った村であります。

　もともとは、高山村から10km程度山奥である熊野川町篠尾に、源氏の目を避けて平家が隠れ住んでいたものが、時代が下って源氏の監視の目がなくなった頃に篠尾から分家して高山に下りてきて高山村を作ったとされており、「コト」の属する上面家も、この時に熊野川町篠尾村から移り住んできたと言われております。

　高山村の上面家から嫁入りした「コト」ですが、結婚後に実家の上面家が絶えてしまうという事態になります。「コト」は自分の一族である上面家を絶やしたくないとの思いから、「林太郎」との間の子供で次男である私の父「梅次郎」に母方の姓"上面"を継がせることとし、「梅次郎」は鈴木家から分家して上面家を立ち上げました。ここで鈴木家の血を引く上面家が誕生したことになります。

　私の母「百合子」の父親である「覚太郎」は、岡山において、その土地で絶えた「祇園」の姓を引き継ぎ、祇園家を立ち上げました。そして元禄まで家系を遡れる「白井」一族と結婚し、長女として生まれたのが「百合子」です。

　父「上面梅次郎」と母「祇園百合子」は縁あって結婚しましたが、当時は日本中が貧しい時代であったため、「梅次郎」は和歌山を離れて北海道の開拓団に参加しました。そこで開拓に成功していたら、上面家は北海道に根を下ろして住み着くことになったかも知れません。しかし開拓がうまくいかなかったために、「梅次郎」は大阪に戻ってきて生活を始め、私の会社ユーテックの前身である上面鉄工株式会社を設立しました。

　その後、父の死に際して私が上面鉄工の経営を引き継ぐこととなり、別会社として設立していた株式会社ユーテックに上面鉄工を吸収する形で、現在に至っております。

179

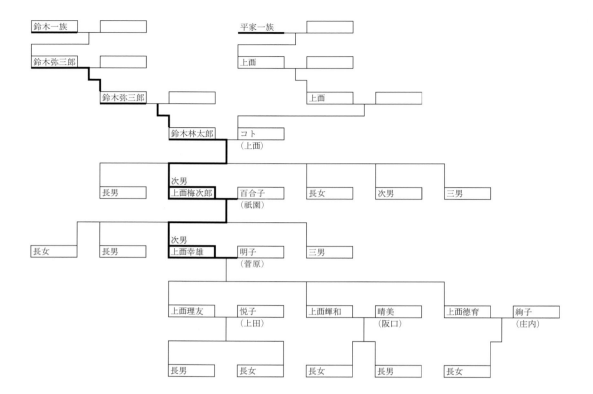

あとがき

　油圧を組み込んだ機械が日本の産業界に本格的に浸透し始めたのは戦後のこと。
　当初は輸入品に頼っていましたが、昭和30年代半ばから国産化が進み始めます。
　株式会社ユーテック（創業時の社名は上面鉄工、以下弊社）も、そうした時代に油圧バルブの加工メーカーとして誕生し、徐々に製造分野を油圧ユニットの組立に広げていって、油圧ユニットの専門メーカーとして成長していきました。

「創業者は、私の父の上面梅二郎、創業は昭和36年（1961年）2月のことです」

　商社の下請け企業としてスタートしましたが、一時は油圧装置以外の機械部品加工で経営を維持するなど、我慢の時期が続きました。そんな昭和43年（1968年）、株式会社化にこぎつけることができました。

弊社には飛躍の節目がいくつかあります。
　最初の節目とは、商社の下請けからの脱皮でした。
　昭和50年代の半ばに大阪府南河内郡太子町に本社を建設し、独自顧客の開拓に取り組みました。それから1～2年は、日々、多くの企業を訪問し見積りを提出しましたが、来る日も来る日も失注に次ぐ失注で、くじけそうになりながらも、歯を食いしばって営業活動を続けていたら、ある顧客を訪問した時に扉が開きました。
　「おたくの見積りに誠意を感じた」と、ある企業の担当者が油圧装置を100台近く注文してくれたのです。昭和60年代に入ると、大手鉄工メーカーや重工業メーカーの顧客化に成功し、業界での地位を固めていくことができました。

　第2の節目とは、調達コストの削減によりシェア拡大をすることでした。
　平成元年（1989年）、創業者の父に代わって私が社長に就任し、第2の節目がやってきます。油圧装置は、各種産業の基幹システムとして定着していましたが、これは裏を返せば市場が成熟したということです。パイは大きくならず、メーカーの生き残り競争は激化します。この事態に、いかに対応して生き残っていけばいいかを考えました。そして次の

ように決めたのです。

「経営のキャッシュフロー化に取り組むことで、企業体質の強化を図る!!」

　実は当時、弊社の製造コストの7割が、バルブやモータなどの部品の仕入れ費用でした。その際の手形決済をやめ、現金仕入れに徹することで、2割近く経費の圧縮に成功します。顧客から受注した装置の設計を工夫し、部品の標準化を図ることで、一層のコストダウンを実現します。大手メーカーはイニシャルコストが高いため、コスト競争力を高めれば中小企業でも対応できるはすだと考えたのです。やがて大手の中には「パイが小さい」と見切りをつけて撤退する会社も出てくるだろうから、シェア拡大のチャンスになると思いました。

　この方針の下で必死にコストダウンを図り、シェア拡大を推し進めて参りました。

<u>第3の節目とは、上記に示した画期的油圧システムの開発に成功したこと</u>でした。

　「成熟化」とは、「この先は老化するだけで未来はない」という意味ではありません。産業の基幹化した油圧の市場は、決してなくなりません。要は、自社が市場に欠かせない存在となることです。

　改めて従来の油圧システムを初心にかえり見直すことで、長年抱えてきた問題の解決法を考えました。

　そして、油漏れによる周辺の汚れ、「エア・異物・水」による作動不良が、油圧トラブルの全ての原因であり積年の課題でしたが、未だに解決されておらず、むしろ正面切って取り組もうとしていないことが現状であると気が付きました。この積年の課題である「油漏れ」「エア・異物・水」のないクリーンな油圧システムにしていくことが「油圧の肝心かなめ」とし、関連製品の開発と商品化・生産体制構築のため、奈良県五條市に、新たに五條工場を建設し、ここを拠点に

　　「油圧駆動装置用多機能弁」
　　「油圧装置のエア及び異物の循環除去システム」
　　「単動ラムシリンダの作動油リフレッシュシステム」
　　「多目的ストップバルブ」
　　「キューブ継手」
　　「エア抜きを自動化した、押し引き同一面積油圧シリンダ」
　　「NEP制御水と水圧駆動」
　　「ギアボックス潤滑油の脱気」

等の開発・商品化・生産に着手することとなりました。

あとがき

　公共の関係では、「2013.3.11 東日本大震災」などを契機とした「国土強靭化」や「防災・減災・インフラ長寿命化」の声の中、

　　「緊急油圧装置（電源・動力喪失時の予備動力装置)」

　　「電動巻上げ機の予備動力装置」

　　「レスキューバルブ（予備動力をワンタッチで接続して使用)」

　　「アクアクリエーション（油漏れによる環境汚染のない水門開閉装置)」

等を開発・商品化し、ダム・河川関連のインフラ設備への展開を行い、現在に至っております。

　「油圧のおもしろさ（魅力）は、取り組む限り無限にあります。今日まで油圧に携わり魅せられてきましたが、肝心なことは、絶えず飽くなき夢を持ち続けることと考えております」

　弊社はコスト面のみならず、品質・納期・保守でも他社をしのぐ体制作りに励んできました。そして多くの技術開発により、更に新たな強みを身に着けました。

　これらの節目を通じて、現在の弊社があります。これからも社会の要求に対応できる製品を開発し供給し続けることができる企業となるように、不断の努力を続けていきたいと考えております。

2019 年（令和元年）6 月 11 日

株式会社ユーテック　代表取締役　上西 幸雄

上西　幸雄（うえにし ゆきお）

1962 年　上西鉄工入社
1989 年　上西鉄工株式会社　代表取締役就任
1998 年　上西鉄工株式会社から株式会社ユーテックに社名変更
2010 年　奈良県五條市に、五條工場建設
以後　　MI611 システム開発
　　　　緊急油圧装置開発
　　　　水門遠隔操作システム開発
　　　　水圧ユニット開発
　　　　現在に至る

油圧システム積年の課題 完全解決に向けて
―油漏れ・エア・異物・水への対処―

2019 年 7 月 14 日　第 1 刷発行

著　者　株式会社ユーテック 代表取締役 上西幸雄
発行人　大杉　剛
発行所　株式会社 風詠社
　　　　〒553-0001　大阪市福島区海老江 5-2-2
　　　　　　　　　　大拓ビル 5 -7 階
　　　　TEL 06（6136）8657　http://fueisha.com/
発売元　株式会社 星雲社
　　　　〒112-0005　東京都文京区水道 1-3-30
　　　　TEL 03（3868）3275
装幀　　2DAY
印刷・製本　シナノ印刷株式会社
©Yukio Uenishi 2019, Printed in Japan.
ISBN978-4-434-25515-1 C2053

乱丁・落丁本は風詠社宛にお送りください。お取り替えいたします。